Neo Atlantis
Neunkircherstraße 54
66583 Spiesen-Elversberg
Tel. 06821 8690-355
Fax 06821 8690-832
E-Mail: verlag@neo-atlantis.de
Besuchen Sie uns im Internet unter:
www.neo-atlantis.de

©2010 Neo Atlantis Limited
Deutsche Erstausgabe September 2010
Satz und Umschlaggestaltung: plingo media - www.plingo.de
Gedruckt in Deutschland
ISBN: 978-3-940930-22-4

100 Fragen
an das Universum

und die überraschenden Antworten

Medial empfangen und übermittelt von
Rosemarie Gehring und Stefan Sicurella

NEO ATLANTIS
BÜCHER FÜR KLARHEIT UND ERKENNTNIS

Über die Autoren

Rosemarie Gehring

 Ich hatte eine naturverbundene Kindheit, was mich auch heute noch sehr prägt. Was ich früher als Irrwege auf meinem Entwicklungspfad betrachtet habe, gibt sich mir heute als Roter Faden zu erkennen. Nach dem Abitur hatte ich keine Lust weiter zu lernen und habe angefangen zu arbeiten. Nach wenigen Jahren ist mir klar geworden, dass dies nicht meine Erfüllung ist und so habe ich ein Biologiestudium begonnen. Dieses musste ich dann kurz vor dem Vordiplom wegen der Schwangerschaft mit meiner ersten Tochter unterbrechen. Nachdem mir dann schließlich drei wundervolle Kinder geschenkt wurden, die ständig krank waren, bin ich auf den Weg zur Heilpraktikerin geführt worden. Wie schön ist es doch nicht ständig im Wartezimmer des Arztes zu sitzen, das schon fast unser zweites Wohnzimmer war. Ich habe schließlich nach langem Suchen eine wunderbare Ärtzin gefunden, die mir mit ihrem Wissen über antroposophische Medizin die ersten Möglichkeiten an die Hand gab, meine Kinder selbst zu behandeln. Durch einen „Zufall" habe ich dann eine Lehrerin gefunden, bei der die Vorbereitungen zur Heilpraktikerprüfung sehr viel Spaß machten und die mich erfolgreich durch die Prüfung brachte. Nachdem, ich dann Heilpraktikerin war erwischte ich rein „zufällig" noch den letzten Platz für eine Ausbildung in klassischer Homöopathie. So fügte sich das Eine in das Andere. Vom Hausfrauenkurs über Bachblütentheraphie, wo ich langsam üben durfte vor Menschen zu reden, über eine Dozentenstelle bei einer Volkshochschule, über eine Lehrerstelle bei einer Heilpraktikerschule ging ich meinen Weg Schritt für Schritt voran. Aufgewacht bin ich allerdings erst, nachdem ich meinen ersten Reiki-Grad gemacht hatte. Auch hier bin ich Schritt für Schritt weiter gegangen bis zum Reiki-Lehrer und Großmeistergrad. An dieser Stelle möchte ich meinem Mann dafür danken, dass er mich immer, wenn ich dabei war abzuheben liebevoll mit den Füßen auf die Erde zurück gebracht hat. Denn hier haben wir unserer Lebensaufgabe zu erfüllen. Ich möchte allen Menschen danken, die mich auf meinem Lebensweg begleitet und geschubst haben, wenn ich nicht mehr weiter wollte. Allen meinen Lehrern dafür, dass sie mich an ihrem Wissen teilhaben ließen und der geistigen Welt, dass ich so sanft geführt werde und im einem mir angenehmen Tempo voran gehen darf.

Stefan Sicurella

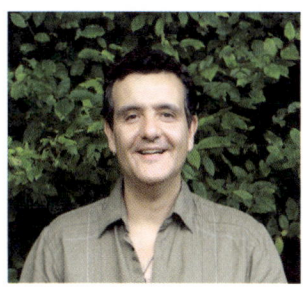

Nach einem normalen Lebensweg, mit Schule, Ausbildung und Beruf, kamen viele berufliche Stationen in denen ich mich meist nie so richtig wohl fühlte. Erst meine Tätigkeit im Vertrieb mit viel Kundenkontakt, konnte mich für einige Jahre zufrieden stellen. Die Beratung von Menschen hat mir lange Jahre großen Spaß und innere Befriedigung gebracht. Vor ein paar Jahren, habe ich mich dann aus einem inneren Drang heraus als Programmierer selbständig gemacht. Der Kontakt zu den Menschen blieb durch den Vertrieb meiner Produkte erhalten. Irgendwann begann aber eine Zeit der Unzufriedenheit und Existenzangst und ich kam in eine Lebenskrise. In dieser Zeit besuchte meine Frau einen Reiki-Kurs (zufällig bei der Autorin dieses Buches) und danach wollte sie mir natürlich etwas

Gutes tun. Skeptisch, wie ich war, ließ ich es dennoch zu -
schlimmer konnte es ja nicht mehr kommen.

Heute kann ich diesen Tag als ersten Wendepunkt in meinem
Leben bezeichnen. Die Kraft, die mich während dieser Reiki-
Behandlung durchfloß, war eindeutig zu spüren und einfach
nicht zu leugnen. Danach ließ ich mich auch auf eine homö-
opathische Behandlung ein und von da an ging es mir immer
besser, erkannte ich doch dadurch meine eigene Situation
deutlicher und spürte den Drang mehr Wissen zu erlangen.
Das Lesen von unzähligen Büchern befriedigte diesen Drang
für's Erste.

Der zweite Wendepunkt war die Geburt unseres dritten
Kindes. Der Augenblick der Geburt und der minutenlange
bewusste Blick unseres Sohnes in meine Augen erfüllte mein
Herz mit sehr viel Liebe. Danach ging alles Schlag auf Schlag.
Angefangen von einer Reiki-Ausbildung über des Besuch
eines Mediums, das mich mit den Weisheiten des Universums
und mit meinem Meister vertraut machte, über etliche weitere
Studien, Mediationen und viele Kurse und Seminare bis hin zu
diesem Buch.

Mittlerweile biete ich Spirituelle Lebensberatung auf der
Grundlage der 12-Strahlen Numerologie an. Diese spezielle
Numerologie durfte ich zusammen mit meinem Geistführer
über die letzten beiden Jahre entwicklen. Außerdem leite ich
zusammen mit Rosemarie unseren Verlag und das Seminarzen-
trum von Neo Atlantis.

ICH BIN gespannt wie es weiter geht.

*Wir widmen dieses Buch unseren Partnern und
Kindern und danken ihnen auf diesem Weg
für ihre Unterstützung auf allen Ebenen.*

Stefan und Rosemarie

Die Entstehung dieses Buches

Nachdem ich mir nach dem Abitur vorgenommen hatte, nie wieder einen Aufsatz zu schreiben, hat es mich jetzt sehr überrascht von der geistigen Welt diesen Auftrag zu bekommen. Vor etwa 7 Jahren, während ich durch ein Tal, genannt Lebenskrise, wanderte, begann das, was den Ursprung für dieses Buch legte.

Jeden Abend nahm ich damals Kontakt zu meinem Engel auf und bat um Hilfe. Eines Abends begann meine rechte Hand zu zucken, ich nahm mir ein Blatt und einen Stift zur Hand und plötzlich fing meine Hand von ganz alleine an zu schreiben. Das befremdete mich sehr und ich befürchtete mit niederen Wesenheiten in Kontakt zu stehen. Deshalb ließ ich dieses wundervolle Geschenk nach anfänglichem Herumprobieren jahrelang brach liegen. Erst jetzt, zum Ende dieses Jahrsiebt (7 mal 7 = 49 Jahre) bin ich gestärkt durch das Interesse und die Unterstützung von Stefan wieder an diese Gabe zurück geführt worden und habe gleich den Auftrag für dieses Buch bekommen. Was im Spaß begann, denn nach einer Befragung von Stefan's geistigem Führer, hat er so dahin geworfen: „Wir könnten doch zusammen ein Buch schreiben, 100 Fragen an das Universum, einfallen würde mir da genug." Wir haben das beide nicht sehr ernst genommen, bis dann ein paar Wochen später, als ich Stefan mit Reiki behandelt habe, die geistige Welt mit mir Kontakt aufnahm und meinte es wäre jetzt doch langsam an der Zeit über die uns zugesandte Idee nachzudenken und sie in die Tat umzusetzten. Beherzt haben wir beide dann angefangen uns konkrete Gedanken über dieses Projekt zu machen und nun sitzen wir hier und schreiben ... und die geistige Welt ruft uns zu: „Auf auf, frisch ans Werk!"

Inhalt

Die Bilder in diesem Buch können beim Verlag, in verschiedenen Formaten, als Nachdruck bestellt werden.

Vorwort

Dieses Buch richtet sich an Alle, die anfangen sich Fragen über das Leben und den Sinn des eigenen Seins zu stellen. Aber auch Menschen, die sich bereits auf dem Weg befinden, finden hier wichtige und liebevolle Antworten für das Leben. Teilweise verwenden wir Begriffe mit denen nicht alle Leser etwas anfangen können, deshalb haben wir am Ende dieses Buches einige Begriffserklärungen aufgelistet.

Einige Leser werden sich sicher fragen, wie wir diese Fragen dem Universum gestellt haben und wer diese Fragen beantwortet hat. Das haben wir uns am Anfang unserer Arbeit natürlich auch gefragt und diese Frage gleich mal dem „Universum" gestellt. Die Antwort war dann ebenso einfach, wie einleuchtend: „Wer gerade „Zeit" hat oder sich besonders von der Frage angesprochen fühlt, beantwortet die Frage. Das kann sein: unser Hohes Selbst, ein Geistführer, ein Engel oder Erzengel, ein Aufgestiegener Meister/in, eines unserer Seelengeschwister oder sonstige höhere Wesen."

Wir stellen die Fragen und empfangen die Antworten medial. Viele Menschen können sich darunter sicher nicht viel vorstellen und es gibt auch eine ganze Menge falscher Vorstellungen, wie so etwas vor sich geht. Im Prinzip ist es ganz einfach: Rosemarie hört die Antworten ganz klar und deutlich, so wie wir unsere Gedanken hören.

Die Antworten sind dabei von so einer faszinierenden Liebesschwingung umgeben, dass jeder Zweifel unsererseits nach der Herkunft durch diese fühlbare Liebe ausgeräumt wird. Die Fragen selbst stammen hauptsächlich von Personen aus

unserem Bekanntenkreis. Wir stellten Ihnen einfach die Frage:
„Was würdest du gerne wissen, wenn du einem Engel eine
Frage stellen könntest".
Der anfänglichen Überraschung folgte dann doch meist
schnell eine ganze Reihe an Fragen.

Hätten wir uns alle Fragen selbst erdacht, wären sie sicherlich
nicht mehr so authentisch und interessant für eine größere
Leserschaft gewesen. Die Fragen haben wir dann später in
verschiedenen Themenblöcke einsortiert. In vielen Sitzungen
wurden diese dann der geistigen Ebene übermittelt und die
Antworten wortwörtlich niedergeschrieben. Teilweise haben
wir dann auf eine Antwort noch ein Mal selbst nachgefragt,
wenn es uns sinnvoll erschien oder der Klarheit dieses Buches
diente.

Dies war die schönste Arbeit an diesem Buch, sind die Antworten doch von so viel Liebe, Verständnis und teilweise auch
Witz geprägt, dass wir oft von Demut und Freude erfüllt einfach nur da saßen und ergriffen waren von den Antworten.

Licht und Liebe,
Rosemarie und Stefan

Nimm alle Segnungen im Leben
dankbar entgegen
Freue dich an der Fülle der Natur
bleib deinem wahren Ich auf der Spur
Vertraue auf Gott
nicht nur in der Not
So wird dein Leben ein Spiel
ich verspreche dir wahrlich nicht zu viel
(Rosemarie Gehring)

Fragen zum täglichen Leben

Was geschieht wenn ich sterbe?

Wenn ihr sterbt, kehrt ihr zurück in die Einheit über einen Weg, der durch das Licht der Klärung und Läuterung führt. Das ist das, was die Christen fälschlicherweise das Fegefeuer nennen. Es ist das Feuer der Transformation. Ihr erkennt, was ihr in eurem Leben für Umwege gemacht habt und ob ihr dem Ziel, das ihr euch gesetzt habt, nahe gekommen seid. Außerdem erkennt ihr eure „Fehler", die ihr gemacht habt. Diese Erkenntnis macht eure Seele manchmal traurig, weil ihr doch mit so hohen Erwartungen in dieses Leben hinein gegangen seid. Aber dann kehrt ihr zurück, sozusagen zur Erholung, in die Geborgenheit und Einheit des Göttlichen, um euch zu gegebener Zeit wieder auf den Weg zu machen, um neue Erfahrungen zu sammeln, euch neue Ziele zu setzen und wieder zu inkarnieren. Bei alldem müsst ihr wissen, nur ihr alleine urteilt über das, was ihr erreicht habt. Das Göttliche Sein liebt euch, egal wie euer Weg verlaufen ist. Was auch immer ihr getan und erreicht habt in eurem Leben, es ist *gut*.

In Liebe, Hilarion

Was soll ich hier auf der Erde, was ist der Sinn und Zweck meines Daseins?

Wie schon erwähnt, sucht ihr euch selbst eure Ziele für jedes Leben selbst aus. Ob es Verzeihen ist oder Helfen. Oder vielleicht habt ihr in eurer Seelenfamilie einmal die Aufgabe übernommen, dem Anderen zu helfen „Verzeihen" zu lernen, indem ihr dieses Mal den „Bösewicht" spielt. Erst wenn ihr alle Erfahrungen durchlaufen habt, und glaubt mir, das sind Abermillionen, dann gebt ihr euch zufrieden und bleibt in der Einheit oder übernehmt die helfenden Aufgaben der aufgestiegenen Seelen.

Alle Seelen, die jetzt in dieser Zeit inkarniert sind, tragen außerdem die Aufgabe, der Erde bei ihrem energetischen Aufstieg zu helfen. So schaffen wir für alle Wesenheiten neue Möglichkeiten zu wirken und in durchlichteteren Dimensionen Erfahrungen zu sammeln. Sie müssen nicht mehr so sehr in der bisherigen Schwere verhaftet sein. Ihr habt euch allesamt viel vorgenommen, aber ihr habt alle Hilfe, die ihr braucht.

In Liebe, Hilarion

Zur Zeit gibt es sehr viele verschiedene Bücher, die sich mit Aspekten der Esoterik befassen. Warum erscheinen gerade jetzt so viele Durchsagen aus der geistigen Ebene?

Die Schleier zwischen den Dimensionen lichten sich, mit jedem Menschen der erwacht wird es ein wenig lichter. In diesem Licht ist es immer besser möglich mit euch Kontakt aufzunehmen und euch bei eurer Aufgabe zu helfen und euch unter die Arme zu greifen. Wir allen bewundern euch, in eurem Mut und eurer Tatkraft. Die Aufgabe, die ihr übernommen habt, die Materie zu durchlichten ist eine der Schwersten, die es gibt. Ihr macht eure Arbeit sehr gut. Ihr seid alle herzlich geliebt. Missachtet nicht diejenigen, die noch nicht aufgewacht sind, denn ihr kennt ihren Anteil an der Aufgabe nicht.

In Liebe, Hilarion

Warum machen wir uns oft das Leben selbst so schwer?

Weil ihr nicht im Vertrauen seid, zu euch selbst und zu Gott. In eurem Leben geschieht nichts, was euch nicht dienlich ist, wenn ihr dies auch im Moment noch nicht überblicken könnt. Geht in das Vertrauen hinein und aus eueren Irrungen und Wirrungen wird ein gerader Weg werden. Das heißt aber nicht, dass der Weg immer einfach sein wird, nicht der einfache Weg ist der beste Weg. Erkennt euren göttlichen Funken, seid euch bewusst, dass die geistige Welt nur darauf wartet euch helfen zu dürfen und vertraut. Das ist der beste Rat den ich euch geben kann, um ein glückliches Leben zu führen. Ihr seid geliebt und geehrt.

In Liebe, Hilarion

Warum gibt es so viele Menschen, die in den schwärzesten Farben schwarz malen und immer nur das Drama suchen?

Diese Menschen sind sehr zu bedauern, denn ihre Schleier sind noch so dicht, dass sie unsere Lichtfunken nicht wahrnehmen können. Wenn ihr ihnen helfen könnt und sie auf das Licht und die positiven Seiten des Lebens aufmerksam machen könnt, ist das wunderbar. Denn durch dieses Schwarz in Schwarz-Malen ziehen sie die Dunkelheit an und geraten so in einen, wie ihr sagen würdet, Teufelskreis. Vielleicht könnt ihr sie zum Beten animieren, denn das reißt Löcher in den Schleier, durch die das Licht hindurchdringen kann. Wenn dies alles nichts nützt, schickt ihnen Licht und Liebe auf geistiger Ebene und nach und nach wird es lichter um sie werden.

In Liebe und Dankbarkeit für die Arbeit,

Serapis Bey

P.S. Ich unterstütze diese Lichtarbeit

Ich habe Angst vor dem Alleinsein, woher kommt das?

Liebes Menschenkind, die Angst vor dem Alleinsein ist in Un-
wissenheit begründet, denn wenn du weißt, dass du niemals
alleine bist, ist diese Angst vollkommen überflüssig. Jederzeit
begleitet dich dein persönlicher Engel, deine geistige Führung
steht dir für alle Fragen jederzeit zur Verfügung und Legionen
von Engeln warten hinter dem Schleier darauf, dass du sie
rufst und sie dir helfen dürfen. Wenn du dir dies jederzeit vor
Augen führst, wird deine Angst völlig überflüssig werden. Du
bist ein geliebtes Kind Gottes und niemals alleine.

In Liebe und Verehrung, Serapis Bey

Wieso haben wir Menschen die Neigung positive Entde-
ckungen und Errungenschaften für negative Zwecke zu
missbrauchen?

Ja ihr Lieben, das liegt an der Stärke eures Egos, denn wenn
das Ego über euch die Macht hat, dann neigt es dazu, diese
über andere Menschen ausbauen zu wollen. Dann seid ihr
ständig dabei größer, schöner und stärker sein zu wollen.
Und wie ginge das leichter, als mit allen Mitteln die anderen
zu unterdrücken. Sobald ihr eurem Ego nicht mehr die Macht
über euch lasst, wird sich das Blatt wenden, denn dann wisst
ihr, dass ihr keine Anerkennung von Außen braucht. Wenn ihr
eure eigene Größe erkannt habt, könnt ihr getrost zum Wohle
Aller handeln und werdet auch durch Alle Gutes erfahren.

So ist es und so sei es,
in Liebe Hilarion, der Weltenlenker- und Heiler

Der Mensch neigt dazu, Probleme unter den Teppich zu kehren bis es nicht mehr geht, anstatt den Problemen ins Auge zu sehen und sie zu lösen. Am Ende steht er dann vor einem riesigen Berg von Problemen und hat es noch schwerer. Woher kommt diese Verhaltensweise?

Aus Angst. Aus Angst, dass Andere erkennen wie unzulänglich sie doch sind (was natürlich nicht stimmt, weil ihr alle perfekt seid). Außerdem möchten sie oft auch die Anderen nicht verletzen. Die meisten Menschen haben nie gelernt über ihre Probleme zu reden, noch weniger sie in Angriff zu nehmen und sie gemeinsam zu lösen. Das ist eine Aufgabe, die ihr im neuen Zeitalter angehen müsst. Am Wichtigsten ist es, zu lernen miteinander zu reden, ohne den Anderen dabei anzugreifen, sondern aus eurer Sicht zu schildern, wie ihr euch in dieser Situation fühlt. Nur so kann man zwischenmenschliche Probleme lösen. Segnet die Menschen mit denen ihr Probleme habt und bittet um Hilfe, dann wird sie euch gegeben.

In Liebe und Hochachtung,
Mutter Maria vom Lichten Thron

Wie schaffen wir es, mehr Gemeinsamkeit in unser Zusammenleben zu bekommen? Die Menschen bekämpfen sich, anstatt sich gegenseitig zu helfen.

Indem ihr euch klar darüber werdet, dass das was ihr aussendet umgehend zu euch zurück kommt. Wenn ihr euere Mitmenschen bekämpft, dann kommt Kampf zu euch zurück.

Wenn ihr sie liebt und ihnen helft, dann kommt Liebe und Hilfe zurück. Aber erwartet nicht, dass dieses von der gleichen Person, der ihr geholfen habt, zu euch geflossen kommt, denn das kann aus einer unerwarteten Richtung sein. Lasst euch darauf ein, versucht nur Gutes auszusenden und ihr werdet sehen, wie sich euer Leben wandelt. Um im Großen Veränderungen zu schaffen muss man im Kleinen beginnen. Seid euch darüber im Klaren, um die Welt zu verändern, muss jeder bei sich selbst beginnen, damit setzt ihr eine Bewegung in Fluss, welche die Welt verändert. Ich sage nicht, dass das einfach ist, aber lasst euch darauf ein und versucht es. Ich werde jeden Einzelnen dabei unterstützen.

In Liebe und großer Vorfreude auf die Veränderungen,
Kuthumi vom goldenen Strahl, der Weltenlenker

Die Kosten für die Lebenshaltung steigen und steigen, der Staat hat keine Ideen mehr außer die Steuern zu erhöhen. Wie soll ein Normalverdiener ohne Nebenjob oder Schwarzarbeit noch über die Runden kommen. So kann das doch nicht ewig weiter gehen. Wo steuert das System bloß hin?

Ihr dürft euch geistig nicht beschränken, macht euch offen für alle Möglichkeiten. Die Vorstellung, nur durch seine Arbeit bei einem Arbeitgeber Geld zu verdienen, setzt euch viel zu enge Grenzen. Es geht immer mehr in die Richtung, dass jeder Einzelne selbständig arbeitet, auf dem Gebiet, das ihm am meisten liegt und weswegen er hierher gekommen ist. Sobald ihr euere Lebensaufgabe gefunden habt und auf dieser Ebene arbeitet, wird es euch auch materiell gut gehen. Es kann sein, dass in der Übergangszeit einmal eine, wie ihr es nennt

Durststrecke zu durchwandern ist, aber sobald ihr im Vertrauen seid, werdet ihr sowohl innere als auch äußere Fülle erleben. Die Fülle ist da, ihr müsst sie nur in euer Leben einlassen. Kontrolliert eure Muster und eure Prägungen, auch von eurem Elternhaus her. Wenn ihr gelernt habt, dass man hart arbeiten muss um sein täglich Brot zu verdienen und ihr glaubt daran, dann wird es so ein: „Denn euch geschieht nach eurem Glauben".

Überprüft alle euere Glaubenssätze und ersetzt sie durch positive Affirmationen, wie zum Beispiel: „Mir fließt jederzeit mühelos die Fülle zu." „Ich tue meine Arbeit mit Liebe und sie bringt mir Wohlstand und Fülle"

Jeder soll sich eine, für sich passende, Affirmation oder Programmierung ausdenken und diese dann wie ein Mantra immer und immer wieder aussprechen und auch denken und ihr werdet Wunder erleben.

In Liebe und Zuversicht, dass ihr auf allen Ebenen erfolgreich seid, euer aufgestiegener Meister Kuthumi

Wie ist es zu erreichen, dass der Einzelne mehr Eigenverantwortung übernimmt und nicht die Schuld für seine Probleme bei Anderen sucht oder ihnen zuweist?

Durch die Erkenntnis der Wahrheit. Die Wahrheit ist, dass ihr für euer Leben und für alles, was euch darin an Erfahrungen begegnet, selbst verantwortlich seid. Alle Probleme sind dazu da, gelöst zu werden, daran zu lernen und zu wachsen, eurer wahren Lebensaufgabe dadurch näher zu kommen und auf dem rechten Weg zu wandeln. Das heißt nicht, dass Menschen, die schon auf ihrem Weg sind, keine Probleme mehr zu lösen hätten, aber sobald man sie als das annimmt, was sie wirklich sind, nämlich als Lernchancen, kann man sie ohne Verbitterung, vielleicht sogar mit Dankbarkeit anpacken und lösen. Hilfe dazu steht euch jederzeit zur Verfügung, bittet nur darum und sie wird euch zuteil werden. Kopf hoch, nehmt alles nicht so bitter ernst, sondern erkennt: das Leben ist ein Spiel und ihr alle seid die Gewinner.

In Liebe und Anerkennung,
Ephestos, der Lenker der Amethystenergie auf Erden
(Wandlung und Erneuerung)

In den Institutionen aller Art herrschen starre Strukturen, die nicht mehr zeitgemäß sind. Wie können wir das durchbrechen und moderne Arbeitsweisen schaffen?

Indem ihr neue erschafft. Tut es, es werden noch einige Jahre hindurch alte und neue Strukturen nebeneinander bestehen, aber ihr erkennt doch jetzt schon, dass ein Wandel angesagt ist. Wer soll ihn herbei führen, wenn nicht ihr Menschen? Lasst euch ein, auf unserer Hilfe auf geistiger Ebene und die Eingebungen und „Geistesblitze" werden euch auf die richtigen Bahnen führen. Immer mehr Menschen werden selbständig arbeiten, auf ihrem ganz speziellen Wissensgebiet, aber in Liebe mit anderen Menschen sein und in Anerkennung dessen, was die anderen Individuen tun. Jeder Einzelne wird dadurch ebenso zum Wohle Aller beitragen. Seid geduldig, aber geht euren Weg zielstrebig Schritt für Schritt in das neue glückliche Zeitalter voller Licht und Liebe.

Mit Freude und Dankbarkeit für eure Arbeit, Kuthumi

Warum gibt es so viel Armut auf dieser Welt?

Meine lieben Freunde, es gibt so viel Armut auf der Welt, weil viele Menschen sich diesen Weg gewählt haben. Durch Armut und Hunger wird im Laufe eines Lebens (auch wenn es kurz sein mag) sehr viel Karma abgetragen. Das soll jetzt aber nicht heißen, dass ihr armen, hungernden Menschen nicht helfen sollt, denn das ist dann wieder die Aufgabe derer, die im Wohlstand leben, wie die meisten von euch: „Zu teilen und zu helfen!" Auch auf geistiger Ebene könnt ihr etwas für alle armen Menschen tun, visualisiert glückliche, strahlende, gesunde Menschen aller Hautfarben und stellt euch vor, wie sie in Wohlstand, Gesundheit und Frieden miteinander leben. Am besten täglich fünf Minuten, das wirkt Wunder. Je mehr Menschen dies tun, um so besser. Außerdem legt die Vorstellung ab, dass die Welt ein Jammertal ist und macht sie zum Paradies.

In Liebe, Mutter Maria

Warum geschehen zur Zeit so viele Naturkatastrophen mit vielen Toten?

Es ist die Zeit der Wandlung und der Reinigung. Um in die höhere Schwingungsebene aufsteigen zu können, muss sich die Erde einem Reinigungsprozess unterwerfen. Dieser kann durch Wasser, Feuer, Luft und Erde stattfinden (Fluten Feuerbrünste, Stürme und Erdbeben). Je mehr Menschen die Erde bei ihrem Aufstieg unterstützen, desto sanfter fallen die Naturkatastrophen aus. Deshalb wäre es schön, wenn ihr in eure tägliche Visualisierung auch Mutter Erde mit einschließt. Seht sie strahlend und heil, alle Wunden (auch die, welche ihr Menschen ihr geschlagen habt) schließen sich und sie ist mit allen Wesenheiten, die auf ihr wirken und leben bereit zum Aufstieg in die höhere Schwingung.

Übrigens haben die Menschen, die bei den Naturkatastrophen ums Leben kommen das vorher in ihrem Lebensplan so vorgesehen. Manche brauchen nur noch eine mehr oder weniger kurze Lebensspanne, um ihr Restkarma aufzulösen und für den Aufstieg bereit zu sein. Für alle Seelen ist es eine große Ehre und sei es auch nur für kurze Zeit auf der Erde gedient zu haben und an der Vorbereitung zum Aufstieg beteiligt gewesen zu sein.

In Liebe, Hilarion

Warum geschieht das alles, warum passiert mir das?

Es geschieht alles auf deinen Wunsch hin. Erfahrungen auf anderen Ebenen und in anderen Dimensionen zu sammeln, ist wie Urlaub, wo ihr euch auf den Weg macht um Neues zu sehen und neue Erfahrungen zu sammeln, Abenteuer zu erleben und gestärkt wieder zurück zu kehren, einfach auf anderen Ebenen.

Ihr begebt euch in diese Dimensionen, um die Erfahrungen der Liebe, der Schuld, des Verzeihens, des Ärgers, der Freude und noch viele andere mehr zu machen. Eine Seele freut sich über all diese Erfahrungen und geht dann gerne wieder in die Geborgenheit der Einheit und in das große Licht zurück. Erst wenn ihr erkennt, dass diese ganzen Gefühle und Erfahrungen bereits ein Teil von euch sind und ihr alles bis zur Vollkommenheit geführt habt, bleibt ihr im Licht. Dann kommt ihr nur noch auf die Erde oder einen anderen Planeten, um anderen zu helfen durch die gleichen Erfahrungen zu gehen. Sozusagen seid ihr dann der Reiseleiter, der aber auch nur auf ausdrücklichen Wunsch des Reisenden handeln und helfen darf.

Wir alle sind Brüder und Schwestern auf der allerhöchsten geistigen Ebene. Sorgt euch nicht, sondern erschafft euch ein Leben in Wohlstand und Fülle. Ihr seid dazu in der Lage. Visualisiert und denkt euch reich, probiert es aus, sperrt alle negativen Gedanken aus eurem Dasein aus und geht voller Liebe und Zuversicht durch die Welt. Ihr werdet den Erfolg am eigenen Leibe erfahren. Übt euch im Visualisieren und positiven Denken, das ist mit das Wichtigste was ihr im Leben braucht. Außerdem tragt Liebe und Licht in die Welt und lasst andere teilhaben an euren Einsichten und Erfolgen. Das ist ganz wichtig für das Wohl aller hier und auf anderen Planeten. Lasst eure Liebe durch alle Universen strahlen, damit alle an eurem Aufstieg aus dem Dunkel zum Licht teilhaben können.

So ist es und so sei es,
Haniel, der Engel der Weisheit

Ab wann wird es für die gutmütigen Menschen leichter auf diesen Planeten und was können wir dafür tun?

Die gutmütigen Menschen sind schon immer das Licht im Dunkel der Materie gewesen. Sie wollten nie, dass es leicht ist. Aber jetzt wird es von Lichtfunken zu Lichtfunken heller, lichter und leichter. Je mehr Menschen erwachen, desto mehr Menschen erkennen, dass sie was sie säen auch ernten. Daraus ergibt sich von ganz alleine, dass immer mehr Menschen Gutes ausstrahlen (Lichtfunken). Diese Strahlung potenziert sich und mit jedem „gutmütigen" Menschen steigt die Leuchtkraft, bis bald das Dunkel verschwindet. Freut euch, bald ist es vollbracht.

Was ihr tun könnt: Leuchtet und tragt das Licht in die Welt.
Schon bald kann ihm keiner mehr widerstehen und schließt
sich euch an.

So ist es und so sei es,
Haniel, der Engel der Weisheit

Was passiert, wenn jemand Selbstmord begeht?

Ihr habt einen freien Willen und könnt eure Reise jederzeit ab-
brechen und in die Einheit zurückkehren. Wenn ihr dieses Mal
nicht mehr bereit seid, die vorgenommenen Erfahrungen zu
machen, dann vielleicht ein anderes Mal. Ihr seid nicht hier um
zu lernen, weil ihr schon perfekt seid, ihr seid vollkommen, die
Erfahrungen, die ihr sammelt machen euere Seelen reicher.

Ein Engel begleitet dich durch dein Leben
Vom allerhöchsten Geist ist er dir gegeben
Dich zu führen, dir zu helfen,
wenn du es erlaubst
Und durch deine Ignoranz nicht
die Möglichkeit raubst
Nimm sie an die Hilfe von allerhöchster Stelle
Denn sie ist eine wundervolle Kraftquelle
Die Quelle des Wissens
und die Quelle der Liebe
Lass sie ein in dein Leben
und alles wird Licht
Verzweifele nicht ...

Aber ist es nicht Verschwendung ein Leben abzubrechen?

Oh ja, es ist sehr schade, wenn ihr Menschen euch dafür entscheidet vorzeitig euere Reise abzubrechen. Aber für die geistige Welt ist das kein so großes Drama, wie ihr das seht. Es war halt ein Fehlversuch, der wiederholt werden muss. Was man seinem Umfeld dabei an Schmerzen antut, steht auf einem anderen Blatt, denn das zieht wieder neues Karma für eine Seele nach sich. Auf der anderen Seite gibt es aber auch den Menschen, die Abschied nehmen müssen, die Möglichkeit „Loslassen" zu lernen. Also euer kluges Wort: „Nichts ist so schlecht, dass es nicht für etwas gut ist!", hat sehr viel Wahrheit in sich. Am liebsten sehen wir, wenn ihr euer Leben und euere Aufgaben genießt und mit Freude lebt. Seht es als große Ehre hier auf diesem Planeten mitarbeiten zu dürfen und macht aus dem Leben keinen Kampf, sondern ein Spiel.

So sei es, Hilarion

Warum halten sich so viele einsame Menschen ein Haustier? Sie könnten doch die Gesellschaft von anderen Menschen suchen?

Beides wäre wunderbar, denn ein Haustier zu halten ist etwas sehr schönes, es lehrt einen Verantwortung zu tragen und Rücksicht zu nehmen auf andere Wesen. Warum so viele einsame Menschen nicht mehr unter Menschen gehen, rührt daher, dass sie von Menschen schon häufig verletzt wurden. Die Angst davor, wieder verletzt zu werden ist so groß, dass sie sich lieber auf die Gesellschaft eines Tieres beschränken. Tiere haben die große Gabe bedingungslos zu lieben (Was den Menschen leider noch so schwer fällt). Deshalb ist es für

Menschen einfacher ihre ganze Liebe einem Tier zu schenken, da können sie sicher sein, dass sie nicht enttäuscht werden.

In Liebe, Hilarion

Werde ich im Moment des Todes abgeholt? Wenn ja, von wem?

Ja, liebe Freunde, keine Angst, im Moment des Todes ist keiner alleine. Ihr werdet abgeholt von allen lieben Seelen, die euch vorausgegangen sind, alle Mitglieder eurer Seelenfamilie, die zu dieser Zeit in der geistigen Welt weilen, kommen, um euch freudig in Empfang zu nehmen und eure abgeschlossene Inkarnation mit euch zu feiern. Es ist für die geistige Welt immer ein großes Fest, wenn eine Seele von ihrer Erdenreise nach Hause kommt. Euer Engel, der euch durch das Leben begleitet hat, ist natürlich bei eurer „Seelengeburt" auch mit dabei und ganze Engelchöre jubilieren zu eurem Empfang. Es ist eine große Freude euch wieder in der Einheit zu empfangen. Gottes Segen ist alle Zeit bei euch, so auch in der Stunde eures Todes.

In großer Liebe, euer Erzengel Michael

In der Liebe liegt die Kraft
alles zu verwandeln,
was dafür gefordert wird
ist liebevoll zu handeln

Schaut euch alle in die Augen
und seht in ihren Tiefen,
dass wir sind verwandte Seelen,
die so lange schliefen

Endlich seid ihr aufgewacht
Mut zu neuen Taten

Vieles gibt es jetzt zu tun
lasst nicht auf euch warten

Die Liebe kommt im Sauseschritt
und nimmt uns Kinder alle mit

Allumfassender Weltenklang
Liebe aus unendlicher Quelle
Du wirst empfangen mit Gesang
nimmst uns mit, wie eine Welle

Nun lebt sie, die Liebe
An jedem Tag
Und gebt sie,
was immer geschehen mag

Liebe, Liebe, Liebe
lasst sie durch euch fließen
gebt sie großzügig weiter
sie sei euer ständiger Begleiter

Ewige Liebe, ewige Flamme
kommt auf uns herab,
führt uns nach oben,
wir werden erhoben

(Rosemarie Gehring)

Fragen von Kindern und Antworten für Kinder

Wie kamen die Tiere auf die Erde? Wie ist die Welt entstanden? Warum hat Gott die Menschen erschaffen? Wie ist das Weltall entstanden?

Das ist eine sehr lange Geschichte. Es war einmal vor langer Zeit ein wundervolles lichtes Wesen, aber es war ganz alleine. Wie ihr euch das alle sicher denken könnt, fand es das Wesen sterbenslangweilig so ganz alleine zu sein. Also begann es zuerst nachzudenken, was es gegen seine Einsamkeit tun könnte. So spielte es mit verschiedenen Möglichkeiten, bis es auf die Idee kam viele runde Bälle zu erschaffen und sie ins Universum zu streuen. Mache größer, manche kleiner, viele strahlend hell, wie die Sonne, andere so wundervoll, wie die Erde und andere kleiner, so wie der Mond. Das Wesen hatte eine wundervolle Gabe: es konnte alles was es sich ausgedacht hatte dadurch entstehen lassen, dass es seine Gedanken aussprach. (Ihr kennt sicher den Anfang der biblischen Geschichte, wo geschrieben steht am Anfang war das Wort).
Nun vergnügte sich das Wesen eine Zeit lang damit, alle diese Planeten, Sterne und Monde zu besichtigen und zu verändern, so wie es Gefallen daran fand. Aber mit der Zeit war auch das wieder langweilig, so dass das Wesen sich erneut etwas überlegen musste. Da hatte es die Idee etwas Lebendiges, so wie es selbst war, zu schaffen. Also schickte es erneut sein Wort auf den Weg und auf manchen Planeten entstand Leben, zuerst die Pflanzen, danach die Tiere und dann die Menschen. Allen diesen Lebewesen schenkte es einen Funken seines Lichtes, damit sie sich auf ihren Reisen auch wohl fühlen konnten und sich nicht alleine fühlten. Auf vielen

Planeten fing danach das Wachsen und das Wirken an und unser lichtes göttliches Wesen musste sich nie wieder langweilen. Wenn ein Lebewesen, ob Pflanze, Tier oder Mensch auf der Erde oder auch sonst irgendwo im Universum starb, kam der Lichtfunke zurück und erzählte alle seine Erfahrungen unserem liebevollen Wesen und kehrte in sein Licht zurück. Aber jeder Lichtfunke durfte, wenn er wollte auch wieder auf die Reise gehen, um neue Erfahrungen zu sammeln.

ICH BIN Manuel, der Engel der Erkenntnis

Wie lange lebt Gott?

Gott lebt ewig. Er war schon immer da und er wird auch immer da sein. Ich weiß, dass dies sehr schwer zu begreifen ist, aber um den Begriff Ewigkeit zu erklären, hat ein weiser Mensch einmal eine Geschichte erzählt, die will ich euch hier nacherzählen:
In einem fernen Land steht ein riesig hoher Berg, so hoch wie man es sich kaum vorstellen kann. Alle hundert Jahre kommt ein kleines Vögelchen auf diesen Berg geflogen, um sein Schnäbelchen an ihm zu wetzen. Wenn dieser Berg durch das Wetzen des Schnäbelchen ganz klein geworden und verschwunden ist, dann ist eine Sekunde der Ewigkeit vergangen.

Viel Liebe vor allem für euch Kinder, die ihr die Wegweiser für eure Eltern sein.

In Liebe, Emanuel, der Beschützer der Kinder

Wie sieht es im Himmel aus?

Oh im Himmel ist es wunderschön. Es gibt dort die allerschönsten Wiesen und Berge und Täler und Seen, die ihr euch nur vorstellen könnt. Dort gibt es ein strahlend helles Licht, das immer für euch leuchtet und das so viel Liebe ausstrahlt, dass jeder sich so geborgen und aufgehoben fühlt, wie sonst nirgendwo. Im Himmel ist man immer geliebt und aufgehoben (auf der Erde übrigens auch, das merkt ihr nur ganz oft nicht). Man hat dort gar nicht den Wunsch, sich mit anderen Menschen zu messen, weil man genau weiß, jeder ist gleich angesehen und geliebt. Es gibt kein Besser oder Schlechter, Schöner oder weniger Schön, alle fühlen, dass sie etwas ganz Besonderes sind und doch alle Eins. Der Himmel ist ein weites Land der ungeahnten Möglichkeiten und was ganz wichtig ist: Es gibt keine Hölle, niemals. Gott ist euer Vater und liebt euch egal was ihr tut, er braucht keine Hölle.

In Liebe, Emanuel, der Beschützer der Kinder

Warum fügt ein Mensch dem anderen Menschen Schaden zu?

Weil die Menschen sich von Ihrem Ego leiten lassen. Das ist ein Teil von euch, der glaubt, immer besser sein zu müssen, als Andere, immer mehr Macht haben zu müssen. Sie erkennen nicht, dass was sie einem anderen Böses tun, wieder zu ihnen zurück kommt. Alles was ihr jemals tut, denkt oder sagt kommt wieder zurück zu euch und hat Auswirkungen auf euch. Das Schlechte hat schlechte Folgen und das Gute wirkt sich positiv für euch aus. Geht und erzählt es allen, denn je mehr Menschen dies wissen, desto mehr können auch danach handeln.

In Liebe, Emanuel, der Beschützer der Kinder

Warum lügen so viele Leute?

Menschen lügen aus Angst. Aus Angst ausgelacht, bestraft oder gedemütigt zu werden. Aus Angst, in den Augen Anderer, als Verlierer da zu stehen. Sagt ihnen die Wahrheit, ihr alle seid Gewinner, ihr alle seid wunderbar und braucht euch nicht zu verstellen. Weil so wie ihr seid, seid ihr perfekt.

In liebe Emanuel, der Beschützer der Kinder

Warum sind so viele Leute süchtig?

Alle Menschen sind süchtig nach Liebe. Weil sie aus der großen Einheit der Liebe hervorgekommen sind und diese jetzt vermissen. Denn sie erkennen nicht, dass diese Liebe immer für euch da ist. Hier auf der Erde fühlen sie sich oft alleine, ungeliebt und verlassen und suchen nach etwas, was ihnen das schöne Gefühl des Geliebtseins ersetzt und geraten so oft in eine Sucht nach Dingen, die den Geist nur benebeln und sie so von ihrem wahren Weg abbringen. Das ist sehr schade, weil sie so, oft sehr viele Umwege auf sich nehmen und es recht schwer haben ihr Lebensziel zu erreichen.

In Liebe, Emanuel, der Beschützer der Kinder

Wodurch entsteht die Angst?

Angst ist ein Gefühl, das daraus entsteht, dass ihr glaubt euch könnte etwas geschehen, was ihr nicht möchtet, was euch weh tut oder seelisch verletzt oder einfach nur die Angst vor einer Arbeit, wo ihr zeigen müsst wie „gut" ihr seid. Angst ist ein Gefühl, das daraus entsteht, dass ihr euch nicht bewusst seid, dass ihr nie alleine seid. Warum bittet ihr eure Engel nicht

um Hilfe? Sie würden euch oft so gerne beistehen und dürfen nicht eingreifen, weil ihr sie nicht dazu auffordert. Denkt immer daran: „Bittet, so wird euch geholfen"
Auf das Lernen vor der Arbeit könnt ihr dabei allerdings nicht verzichten, das wäre dann doch etwas zu viel. Euere Arbeit müsst ihr schon tun.

In Liebe, Emanuel, der Beschützer der Kinder

Warum habe ich Angst vor Tieren?

Du hast Angst vor Tieren, weil du früher einmal schlechte Erfahrungen mit ihnen gemacht hast. Jetzt kannst du die Angst getrost ablegen. Versuche dich geistig mit dem Tier in Verbindung zu setzen (bedenke, wahrscheinlich hat das Tier vor dir genau solche Angst). Sende ihm Liebe und Verständnis, segne es und warte ab. Es wird sich dadurch einiges in deinem Verhalten zu Tieren ändern.

In Liebe, Emanuel, der Beschützer der Kinder

Warum führen Menschen Krieg? Warum schicken Männer Kinder in den Krieg?

Menschen führen Krieg, weil sie Macht wollen und weil sie von sich selbst ablenken wollen. Von ihrem Unvermögen (wie sie glauben) z.B. einen Staat erfolgreich zu führen, aber auch aus Angst, dass die Anderen stärker sein könnten, als man selbst. Manchmal wird ein Krieg auch aus Rache geführt. Einen Krieg kann niemand gewinnen, denn im Krieg verlieren viele Menschen ihr Leben. Nun hört es sich vielleicht ganz schlimm für euch an, aber auch die Kriege habt ihr von hö-

herer Warte aus geplant, denn ein Krieg oder eine Naturka-
tastrophe bietet vielen Seelen die Möglichkeit auf schnellem
Weg ihr Karma aufzulösen und die Seele aus alten Verstri-
ckungen zu befreien.

Karma, Erklärung für Kinder:
Karma ist das Ergebnis von vielen früheren Leben, an die
ihr euch meist nicht mehr erinnert. Wenn ihr damals böse zu
jemanden wart, dann habt ihr euch jetzt vorgenommen diese
Schuld abzuarbeiten, zum Beispiel indem ihr ertragt, dass jetzt
jemand zu euch böse ist. In diesem jetzigen Leben kann man
sich auch Karma aufladen, aber es löst sich viel schneller auf
als früher. Das habe ich erklärt in dem Abschnitt wo es um
Gedanken, Worte und Werke geht (Warum fügt ein Mensch
einem anderen Schaden zu). Denkt daran: Was ihr aussendet
kommt zu euch zurück!

In Liebe, Emanuel, der Beschützer der Kinder

Wann gibt es endlich Frieden auf der Welt?

Bald haben eure fleißige Seelen alle ihr Karma aufgelöst und
es beginnt eine licht- und liebevolle Zeit auf der Welt. Je mehr
jeder einzelne an sich selber arbeitet, (zum Beispiel seine
Geschwister liebt, obwohl sie einen manchmal ärgern) um so
schneller kann sich Frieden über die Welt ausbreiten.

In Liebe, Emanuel, der Beschützer der Kinder

Als ich noch klein war konnte ich fliegen, irgendwann habe ich es verlernt. Wann kann ich wieder fliegen?

Ja, liebes Kind, als du noch klein warst hattest du noch die Verbindung zu unserer Seite, der anderen Seite des Regenbogens, ohne über die Brücke des Lichtes zu gehen. In dieser Zeit können alle Kinder noch fliegen oder sich mit ihren Engeln oder auch mit Tieren unterhalten und ihre Engel, Elfen und Zwerge sehen. Wenn man dann älter wird, senken sich die Schleier über euch und ihr verlernt die Fähigkeiten, die ihr vorher hattet. Diese Schleier sind ein Schutz für euch und ein Rätsel zugleich. Ihr selbst habt euch das ausgesucht, denn wenn ihr immer mit euerem Hohen Selbst in Kontakt bleiben würdet, wäre es ein Leichtes seinem Lebensweg zu folgen. Ihr wolltet es aber schaffen diesen Weg ohne Hilfe zu gehen. Bis zu dem Zeitpunkt, an dem ihr erwacht und um die Hilfe bittet, darf keiner eingreifen. Wenn ihr uns bittet, dürfen wir euch helfen, aber das Fliegen müsst ihr neu erlernen und das bedeutet Arbeit für euch. Nur mit viel Übung gelingt es euch, dann Reisen außerhalb eures Körpers zu unternehmen. Bitte deinen geistigen Helfer um Hilfe und achte auf deine Träume, dann wird es dir irgendwann wieder gelingen.

In Liebe, Emanuel, der Beschützer der Kinder

Ihr sollt nicht Wunder tun und dabei
unfreundlich sein;
da ist es mir lieber,
ihr macht Fehler und seid dabei fröhlich
(Mutter Teresa)

Fragen zur Kindheit und Familie

Warum habe ich bloß diese Eltern? Ich habe immer das Gefühl ich gehöre hier nicht hin.

Oh doch, du stehst genau an dem, von dir ausgesuchten Ort, vor den, von dir ausgesuchten Aufgaben. Liebe und Ehre deine Eltern, denn sie helfen dir, auf deinen Lebensweg zu finden. Fange erst damit an dich selbst zu lieben und schaue dann deine Eltern an und überlege dir, was sich durch ihr „so sein" in dir entwickelt hat. Was es in dir berührt, wenn sie „so sind" (vielleicht sind sie das nur damit du auf deinen Weg kommst) und ehre sie.

In Liebe, Serapis Bey

Mit meinen Geschwistern habe ich mich nie verstanden, immer gab und gibt es Streit wegen den gleichen Themen. Gerne würde ich harmonischer mit ihnen leben. Was kann ich tun?

Mein lieber Freund, meine liebe Freundin, deine Geschwister stellen dir Aufgaben, die du lösen sollst und sei es nur die, dich in Geduld zu üben. Lasse deinen Geschwistern ihre Meinung, versuche nicht, sie von deinem Weg zu überzeugen, denn sie haben ihren eigenen Weg. Bedenke, jeder Mensch steht an der für ihn richtigen Stelle. Bringe du die Harmonie in euere Beziehung und streite dich nicht mit ihnen. Gehe unbeirrt deinen Weg und lasse sie den Ihren gehen.

Dies sagt dir in Liebe, Hilarion,
Bewahrer des grünen Strahls der Heilung

(auch Heilung von Beziehungen)

*Ich habe drei Kinder und manchmal habe ich das Gefühl
alles falsch zu machen. Ständig ist zu wenig Zeit für sie und
oft haben wir Streit. Was kann ich bloß machen um mehr
Harmonie in die Familie zu bringen?*

Übe Geduld mit deinen Kindern und erkenne, dass auch sie
dir Aufgaben stellen, für die du Lösungen finden kannst. Pflege
Rituale mit deinen Kindern, denn diese Sachen prägen und
bleiben deinen Kindern für immer ein Schatz. Das lässt sich in
deinen Alltag einbauen, wir schaffen dir die Zeit dafür. Ruhe
du in deiner Mitte und um dich herum wird sich Harmonie ausbreiten. Du musst nur an dir selbst arbeiten und du wirst sehen,
wie sich damit alles um dich herum verändert.

In Liebe, Hilarion

*Ist es von Bedeutung was für einen Namen Eltern ihrem
Kind geben?*

Oh ja, es ist von großer Bedeutung welchen Namen ein Kind
trägt. Denn in seinem Namen zeigen sich oft schon seine
Aufgaben in dieser Inkarnation. Deshalb sollte man bei der
Namensgebung seine innere Stimme zu Worte kommen lassen
und sich auch von der Seele des Kindes führen lassen. So
fallen euch meist die richtigen Namen zu (Zu-Fall).
Wenn das Kind den falschen Namen erhalten hat, fällt es ihm
meist anfänglich ein wenig schwerer seine jetzige Bestimmung
zu finden und seiner Berufung zu folgen.

In Liebe, Hilarion

Eines unserer Kinder gleicht meinem Mann, das andere Kind kommt nach mir. Ist das Aussehen meiner Kinder Zufall oder folgt es einem höheren Sinn?

Das Aussehen deiner Kinder ist keineswegs Zufall. Es gibt keine Zufälle. Die Kinder haben sich dieses Aussehen selbst ausgesucht, um euch so noch besser euere Eigenarten spiegeln zu können und euch somit Hilfe in euerer Entwicklung sein zu können. Nehmt diese Hilfe dankbar an und achtet auf dieses Spiegeln und lernt daran. Das ist der Sinn, nicht nur des Handelns sondern auch des Aussehens.

In Liebe, Hilarion

Meine Tochter ist gerade in der Pubertät. Wir wissen an manchen Tagen gar nicht mehr wie wir an sie heran kommen sollen. Alle Versuche einer normalen Kommunikation werden von ihr abgeblockt, am liebsten schließt sie sich in ihrem Zimmer ein. Ich mache mir wirklich Sorgen.

Du musst dir keine Sorgen machen, das ist ein ganz normale, menschliche Entwicklungsphase. Bedränge sie nicht, aber gib ihr das Gefühl,da zu sein, wenn sie dich braucht. Habe Geduld mit ihr, weil sie im Moment überhaupt nicht weiß, wie ihr geschieht. Nicht mehr Kind und noch nicht Frau, sitzt sie zwischen allen Stühlen und fühlt sich sehr unwohl dabei. Vielleicht kannst du ihr anbieten ein Mal die Woche nur etwas mit ihr zu tun, wenn auch nur für eine Stunde. Das stärkt das Selbstbewusstsein. (Bachblüten können helfen schneller über diese Hürden hinweg zu kommen)

In Liebe, Hilarion

Meine Kinder treiben mich an manchen Tagen fast in den Wahnsinn, es fällt mir dann schwer die Fassung zu bewahren. Zudem scheinen Verbote und Kritik an ihnen abzuprallen. Wie soll ich diese Kinder erziehen, wie ihnen Grenzen aufzeigen?

Oh mein Lieber, aufzeigen kannst du die Grenzen schon, aber die Kinder der neuen Zeit sind dafür da, über euere üblichen Grenzen hinaus zu wachsen und euch zu erziehen. Geh mit Gelassenheit damit um und greife nur ein, wenn ihr Handeln für sie wirklich gefährlich wird. Aber übe auch Vertrauen in deine Kinder und auch in die höheren Mächte, die euch begleiten. Siehe, ihr seid beschützt, jede Sekunde eueres Lebens. Lerne an deinen Kindern und wachse. Sei ihnen dankbar für jede Aufgabe, die sie dir stellen und vertraue.

In Liebe, Hilarion

Meine Schwester / Bruder ist süchtig, ich würde ihr / ihm gerne helfen, weiß aber nicht wie.

Führe Gespräche mit deinem Bruder oder deiner Schwester, zeige ihnen auf, dass sie auf dem falschen Weg sind oder schicke sie zu einem Helfer eueres Vertrauens. Aber mache ihnen deutlich, dass sie ohne ihre Einsicht nicht weiter kommen und vieles in diesem Leben dann umsonst war und eine neue Runde durch die Schule des Lebens notwendig wird. Oft sind es die ganz sensiblen Menschen, die der Sucht verfallen. Vor den Problemen weg zu laufen ist aber nicht die Lösung, denn sie können schneller rennen und stehen dann doch wieder vor euch. Besser ist es, um Hilfe zu bitten und die Probleme anzupacken. Betet auch für sie und bittet ihre geistige Führung und ihre Engel um Mithilfe, denn auch diese sind traurig, wenn jemand seinen Lebensplan nicht mehr erkennt.

Gebet

Vater Mutter Gott hilf mir dieses dein Kind wieder auf seinen rechten Lebensweg zu führen, ihm beizustehen, es zu unterstützen und ihm bei seinen Schwierigkeiten zu helfen, auf dass es seiner Bestimmung folgend, voll Vertrauen auf dich und deine Helfer, den rechten Lebensweg wählt und so seine Bestimmung erfüllt. Schenke ihm/ihr die Kraft von der Sucht los zu kommen und glücklich zu sein.

Ich bin geschieden, möchte aber trotzdem ein Vermittler sein zwischen dem Vater und meinen Kindern, um zwischen ihnen eine Gemeinschaft aufzubauen. Die Probleme mit dem Vater sind sehr groß, wie kann mir das gelingen?

Es ist sehr schön, wenn eine Gemeinschaft zwischen den Kindern und dem Vater entstehen kann, aber ich glaube du solltest erst einmal an dich denken und dein Herzchakra heilen, denn du bist zu sehr verletzt, um im Moment als Vermittler agieren zu können. Auch musst du dem Vater der Kinder seinen freien Willen lassen, vielleicht ist es auch für ihn sehr schmerzlich im Moment den Kontakt zu halten. Du kennst noch nicht den Grund, warum ihr den Weg der Trennung gewählt habt. Gebe die große Last des „machen müssens" ab an dein Höheres Selbst, es wird dir den Weg aus der Verbitterung und die Erkenntnis und Heilung zeigen und auch für deine Kinder und ihren Vater den besten Weg aufzeigen. Vertraue und lasse los. Gehe voller Vertrauen in die ZUKUNFT, denn du hast dir noch viel Schönes vorgenommen. Wenn deine Wunden verheilt sind, wirst du den Sinn dieser Trennung erkennen und sehen, dass du deiner Bestimmung dadurch viel schneller näher kommst. Bitte auch Mutter Maria darum dir zu helfen, die Wunden deines Herzens zu heilen. Sei in Frieden mit dir und deinen Lieben und versuche den Sinn des Geschehenen zu erkennen.

In Liebe und tiefer Ehrung deiner Aufgaben,
deine geistige Führung Hilarion und Erzengel Raphael

Wann geben die Menschen endlich Gemeinschaften auf in denen sie verletzt oder mißhandelt werden und sich selbst verleugnen?

Die ganzen letzten Jahrhunderte haben die Menschen diese Gemeinschaften gebraucht, um ihr Karma aufzulösen. Erst jetzt in dieser Zeit, wo ihr langsam erwacht und um das neutrale Implantat bitten könnt (das heißt die Auflösung eueres Karmas), werden diese Lebensumstände unnötig und ihr könnt tätig werden und euch von solchen menschlichen Verwirrungen befreien. Nun ist es soweit euch selbst in eurer Göttlichkeit zu erkennen und mit Hilfe der geistigen Welt eueren Weg zu gehen. Immer zum Wohle aller, das ist sehr wichtig und nicht „koste es was es wolle" aus alten Beziehungen ausbrechen, sondern um Führung bitten und so zum Wohle aller Beteiligten zu friedvollen und für alle wunderbaren Lösungen geführt zu werden.

In Liebe, Hilarion

Wann verstehen die Menschen, dass sie Liebe nur geben und empfangen können, wenn sie sich selbst lieben?

Wie lange Zeit habt ihr gelernt, dass ihr euch selbst vernachlässigen sollt zum Wohle anderer? Das lässt sich leider nicht von heute auf morgen ändern. Aber je mehr Menschen erwachen, desto mehr erkennen auch die Wahrheit.
Liebe dich selbst, erst dann bist du in der Lage deinen Nächsten wahrhaft zu lieben.

In Liebe, Hilarion

Wie lernen wir es damit aufzuhören uns selbst zu schaden, zu verbiegen und zu verleugnen aus Angst vor dem Alleinsein?

Das ist ganz einfach, indem ihr erkennt, dass ihr niemals alleine seid. Ihr seid immer umgeben von geistigen Helfern und euren Engeln. Habt keine Angst, ihr seid gehalten und geführt, wenn ihr es zulasst. Lebt im Vertrauen zu der geistigen Welt und eure Ängste und Probleme werden sich wie durch Zauberei auflösen.

So sei es und so ist es, Camael,
der Engel des Vertrauens

Ich fühle mich immer mehr zu meinem Geschlecht hingezogen, obwohl ich verheiratet bin und Kinder habe. Wie kann das passieren? Bin ich ein Fehlgriff der Natur?

Lieber Mensch, du bist kein Fehlgriff der Natur. Öffne dich dem Leben, trete einen Schritt zurück aus allen deinen sogenannten Verpflichtungen und sieh dir all die Grenzen an, die du dir selbst gesetzt hast. Erlaube dir ein wenig mehr Freiheit. Schau dir an, was du mit deinem weiblichen (oder männlichen) Anteil in deinem Leben gemacht hast und fange an ihn zu integrieren. Es ist möglich, dass sich dadurch dein Verlangen nach Kontakt zu deinem eigenen Geschlecht schon verringert. Es ist aber auch möglich, dass eine Veränderung in deinem Leben ansteht, die durch dieses dein Verlangen ausgelöst wird.

Bitte um göttliche Führung und der für dich richtige Weg wird klar vor dir erscheinen.

Keine Sorge, Homosexuelle sind kein Fehlgriff der Natur.

Auch sie haben sich diese Lebenserfahrung mit all ihrer Ablehnung durch andere Menschen und allen Schwierigkeiten, die sich dadurch ergeben selbst gewählt.

Es ist ein harter Weg, aber auch hier macht man sehr wichtige Erfahrungen. Wie wir schon oft sagten, ist der einfachste Weg nicht immer der Beste.

Wir lieben dich, egal für welchen Weg du dich entscheiden wirst, die geistige Welt unterstützt dich.

In Liebe, die Weiße Bruderschaft

Halt an, wo läufst du hin?
Der Himmel ist in dir.
Suchst du Gott anderswo,
du fehlst ihn für und für.
(Angelus Silesius)

Fragen zu den Religionen

Warum glauben so viele Menschen immer noch an einen strafenden Gott?

Ihr lieben Menschen, was man über Jahrhunderte gelernt hat, kann man nicht einfach so über Bord werfen. Obwohl ihr alle in eurer tiefsten Seele wisst, dass der Einzige, der euch straft ihr selbst seid. Gott urteilt und straft niemals.

Nehmt euch das Gleichniss vom barmherzigen Vater in der Bibel und seht darin nur einen Hauch von der Liebe, die Gott für euch empfindet. Ihr alle seid so in der Liebe Gottes einge-hüllt, dass ihr sie NIEMALS verlieren könnt. Tragt dieses Wis-sen in die Welt und fürchtet nicht die Reaktion der Menschen darauf, denn es wirkt sehr erlösend von der Furcht vor einem strafenden und urteilenden Gott befreit zu sein.

Gleichzeitig macht die Menschen aber darauf aufmerksam, dass was sie aussenden, ob in Gedanken oder Worten oder auch Taten, zu ihnen zurück kommt. Und das nicht in irgend einem folgenden Leben, sondern sehr bald. Ist das nicht ein Anreiz dazu nur noch das Beste zu denken, zu sagen und zu tun?

In Liebe, die geistige Welt

Wird Jesus, der Christus, eines Tages physisch auferstehen, wie es die Christen glauben?

Ich bin auf geistiger Ebene alle Tage eures Lebens bei euch. Ich stütze euch und leite euch, wo es mir nur möglich ist, aber in einem Körper inkarnieren werde ich nicht mehr, jedenfalls nicht als Jesus Christus. Höchstens als ein völlig unbekannter

50

Mensch, der wieder ein Mal versucht die Liebe auf die Welt zu bringen. Aber so, wie ihr im Moment an der Liebe und dem Licht arbeitet, wird dies nicht mehr nötig sein.

(Gedanke: Was mache ich hier eigentlich, ist es nicht anmaßend zu glauben in Kontakt mit Jesus Christus zu sein?)

Warum sollte ich mich nicht mit dir unterhalten, du bist doch, ebenso wie ich, ein Kind Gottes und über alles geliebt, traue dir ruhig mehr zu und es wird dir gelingen.

In Liebe Jesus Christus

Ist die christliche Kirche das, was Jesus gewollt hat? Das kann ich mir ganz und gar nicht vorstellen.

Alle Menschen machen Fehler, auch die Kirchenführer. Sie tun das für sie Bestmögliche. Urteilt nicht über sie, auf das ihr nicht geurteilt werdet. Was ich wollte und immer noch will, dass Liebe auf Erden herrscht unter allen Menschen, egal welcher Hautfarbe und welchen Glaubens. Lebt danach, strahlt Liebe aus (auch für die Kirchen) und die Welt wird zu einem lichtvollen, strahlenden Ort, an dem alle Menschen wahrhaft Brüder und Schwestern sind.

In Liebe, Jesus Christus

Warum gibt es so viele, teilweise stark unterschiedliche, Glaubensrichtungen?

Ihr kennt doch sicher das Kinderspiel „Das stille Telefon". Bei diesem Spiel wird eine Nachricht immer von einem zum

Nächsten geflüstert. Wenn ihr seht was dabei heraus kommt, könnt ihr verstehen, warum es so viele verschiedene Glaubensrichtungen gibt. Die „ursprüngliche Nachricht" war immer die Gleiche: „Lebt in Liebe und Frieden miteinander, tragt euer Licht in die Welt und lasst es leuchten und liebe deinen Nächsten wie DICH SELBST."

Vergesst nicht das Dich Selbst, es ist sehr wichtig, denn wer sich selbst nicht liebt, kann nicht wirklich Liebe weiter geben.

In Liebe, Jesus Christus

Was ist mit Jesus, Buddha oder Mohammed? Waren das alles Propheten des einen Gottes?

Ja, es gibt nur den einen Gott. Welchen Namen ihr ihm gebt, bleibt euch überlassen. Alle waren heilige Männer und Propheten, alle haben Liebe gepredigt. Alle seid ihr aus der einen Quelle und alle seid ihr Eins im Vater, deshalb habe auch ich gesagt ich und der Vater sind Eins, oder was ihr dem geringsten unter euch getan habt, das habt ihr mir getan, denn alle sind Eins. Nehmt auch hier wieder das Bild des Ozeans. Ihr kommt aus dem Ozean, macht euren Weg als einzelne Wassertropfen durch euer Leben und fallt dann in den Ozean zurück. Gott ist der Ozean, ist das nicht ein schönes Bild? Genießt es ein Tropfen aus diesem Ozean zu sein, das heißt nämlich, dass ihr alle das Göttliche in euch tragt.

In Liebe, Jesus Christus

In fast allen Religionen findet man die Dreifaltigkeit, wenn sie auch teilweise anders bezeichnet wird. Worin gründet sich der Glaube daran?

Der Glaube an die Dreifaltigkeit gründet auf dem ursprünglichen Wissen, dass alles was existiert auf einer Dreiheit basiert. Schon im kleinsten Atom haben wir Protonen, Elektronen und Neutronen, also auch eine Dreiheit. Alle Gottheiten sind auf drei Ebenen vertreten, wie in der christlichen Welt Vater, Sohn und Heiliger Geist, so findet man auch in anderen Religionen oft diese Dreiheit wieder. Schließlich auch in der menschlichen Existenz, die man auch in Körper, Geist und Seele aufteilt. Die Dreieinigkeit ist eine Wahrheit der Existenz dieses und aller anderer Universen. Mögen sich, wie in der göttlichen Existenz auch im Irdischen diese drei Existenzen zu einem perfekten Ganzen zusammen fügen.
Gott Vater, Sohn und Heiliger Geist = Gott
Körper, Geist und Seele = Mensch
In dreifacher Liebe zu allem was ist,
war und sein wird (Dreiheit), Serapis Bey

Was Jesus verheiratet, hatte er Kinder?

Ich weiß nicht ob das wichtig ist zu wissen, aber ich war nicht verheiratet und hatte keine Kinder, denn ich wusste, dass ich meinen Leib früh verlassen muss und wollte nicht die Verantwortung für Kinder übernehmen und sie dann verlassen.

In Liebe, Jesus Christus

Die Bibel wurde bekanntermaßen mehrmals umgeschrieben, verändert und ganze Teile gestrichen, das ist heute allgemein anerkannt. Werden wir jemals die Originalschriften finden und sie einsehen können?

Nein, denn das ist auch gar nicht nötig, was in der Bibel

geschrieben steht war für die Menschen jener Zeit, heute braucht ihr andere Informationen, heute hat jedes Selbst die Möglichkeit sich mit der Quelle zu verbinden. Warum dann in verstaubtem Wissen graben?

In Liebe, Jesus Christus

In der Bibel ist von Cherubim und Seraphim zu lesen. Dazu gibt es leider verschiedene Erklärungen, wer darunter zu verstehen ist. Könnt ihr das bitte aufklären?

Cherubim und Seraphim sind zwei verschiedene Engelchöre in der gesamten Hierarchie der Engelheerscharen. Es sind zwei Gruppen von Engelwesen denen verschiedene Aufgaben übergeben wurden. Die Cherubim herrschen über die Himmel (ihr hört schon richtig, es gibt nicht nur Einen) und die Seraphim haben die Leitung der Heerscharen der Engel übernommen, die der Erde zur Hilfe zur Verfügung stehen. Es gibt zwar eine Hierarchie der Engel, aber ihr dürft dies nicht mit euren menschlichen Augen messen. Es gibt unter den Engeln kein Besser oder Schlechter oder Mächtiger und Untergebener, das ist alleine das Maß mit dem ihr Menschen messt. Bei uns sind alle gleich, im Ansehen und in ihrer Macht, ebenso gleich bemüht Liebe und Hilfe zu bringen, wo es irgend möglich ist und wo es uns erlaubt wird. Ihr könnt euch nicht vorstellen, wie vielfältig und wunderbar alle unsere Aufgaben sind. Es ist einfach göttlich für euch und alle Wesen unter unserem einem Schöpfer, Vater und Freund dienen zu dürfen.

In unendlich großer Liebe für euch und alle Wesen in allen Universen, Erzengel Uriel, Engel der Freude im Namen aller Legionen der Engelwesen.

Die meisten Menschen der westlichen Welt sind Christen. Sind die kirchlichen Dogmen der Christen noch zeitgemäß? Was ist mit den Sakramenten, wir denken dabei an Zölibat, Beichte, Salbung, usw. Woher kommen diese Sakramente, sind sie nicht überholt und müssen etwas Neuem weichen?

Hier will ich euch sagen, jeder hat seinen eigenen, individuellen Plan. Für die Einen haben die alten Dogmen noch die gleiche Wertigkeit, wie zu Ursprungszeiten, für Andere hatten sie die nie. Jeder sollte seinen Weg gehen. Warum wollt ihr Dinge abschaffen, die vielen Menschen gut tun? Wenn ein Mensch sich nach der Beichte erleichtert fühlt, lasst ihm diesen Weg. Dogmen sind nur nicht gut, wenn alle hineingezwungen werden. Aber ihr seid erwachsen geworden, entscheidet selbst, jeder für sich, das ist der Weg. Es zwingt euch Keiner zu irgend etwas.

„Alles ist eure freie Entscheidung"

In Liebe, Jesus Christus

Die christlichen Religionen glauben in der Mehrzahl nicht an die Wiedergeburt. Es wird damit begründet, dass in der Bibel dazu nichts zu finden sei und Jesus dazu auch nichts gesagt hätte. Mein Gefühl zieht mich aber mehr zu dem Glauben hin, dass ich schon öfters als Mensch auf dieser Erde war. Könnt ihr dieses Sache bitte umfassend beantworten?

Kann man den Sinn des Lebens ohne Wiedergeburt erklären? Auch in der Bibel war die Wiedergeburt erwähnt und ein ganz natürlicher Bestandteil des Glaubens, bis bei einem frühen Konzil entschieden wurde, diese Stellen aus der Bibel zu streichen. Ihr seid alle schon sehr oft inkarniert gewesen. Eure Seele liebt das Abenteuer und das Lernen, sie liebt es Erfahrungen zu machen und das kann man am Besten hier. Dein Gefühl trügt dich nicht, auch du warst schon sehr oft inkarniert.

In Liebe, Jesus Christus

Wie viele Erzengel dienen uns und der Erde? Wie sind Ihre Namen?

Liebes Menschenkind wir sind so viele, dass es deine Vorstellung bei Weitem übertrifft. Es sind Legionen von Engeln und Erzengeln, die euch zu Diensten stehen und hier helfen, wo ihr es ihnen erlaubt. Die Namen zu nennen sprengt den Rahmen dieses Buches, es gäbe ein mindestens 6-bändiges Telefonbuch. Ruft nur um Hilfe und wir sind da, wir hören auch auf selbsterfunde Namen wie „Parkplatzengel", wie Rosemarie selbst bestätigen kann. Kein Problem, versucht es.

Anmerkung: Wenn ich in die Stadt fahre bitte ich immer den „Parkplatzengel" mir einen Parkplatz frei zu halten, was sehr gut funktioniert ... aber vergesst nicht zu danken.

In Liebe, die Legionen der Erzengel

Öffnet eure Herzen
befreit euch von den Schmerzen
das Licht liegt nun auf euch
Kommt ich nehme euch mit mir
und öffne euch die goldene Tür

Wo die Engel mit euch fliegen
keine Menschen in Fehde liegen
dort wo die goldenen Tropfen fließen
niemand wird dort je Blut vergießen
Glück und Freude warten dort
ihr habt mein Wort

(Rosemarie Gehring)

Die Seele sprach zum Körper:
„Werde du krank, auf mich hört er nicht"
(von Sarah A. Gabrisch)

Fragen zur Gesundheit und zu Krankheiten

Viele alte Hausmittel, wie Waden- oder Quarkwickel, Inhalationen, Wissen über Kräuter und Tees, sind heute nicht mehr modern und werden durch Medikamente ersetzt. Warum ignoriert der Mensch dieses alte Wissen über die Heilkraft der Natur?

Schaut euch um und seht, immer mehr Menschen erkennen wieder die Heilkraft der Natur. Langsam kommt der Geist des Menschen wieder dazu zurück, sich in der Apotheke Gottes umzuschauen und nicht nur selbst der Schöpfer sein zu wollen. Aber außer bei Kinderkrankheiten, die zur schnelleren und besseren Inkarnation im Körper dienen, lassen sich alle anderen Krankheiten auch vollkommen ohne äußeres Zutun heilen. Meditieren, Beten, Affirmationen, gesunde Ernährung und Bewegung können einen Großteil aller Erkrankungen heilen.

In Liebe, Erzengel Raphael, Engel der Heilung

Die Wartezimmer bei den Ärzten sind meist voll von Menschen. Viele Ärzte behandeln nur noch die Symptome und nicht mehr die Ursachen der Krankheiten, das wird selbst den Patienten immer mehr bewusst. Warum sucht die Schulmedizin nicht nach den Ursachen der Erkrankungen?

Die Schulmedizin tut das für sie Bestmögliche. Erst muss der Einzelne etwas tun, bevor so große Institutionen wie die „Schulmedizin" sich ändern werden. Wenn jeder sein Leben wahrhaftig in die Hand nimmt, dann können sich die meisten Menschen viel eher selbst helfen und den Ärzten bleibt dann auch die Zeit sich tiefgreifend mit dem Einzelnen zu beschäftigen. Werdet alle wieder menschlicher, kümmert euch gegenseitig und urteilt nicht über die Anderen, sondern ergänzt euch.

In Liebe, Erzengel Raphael, Engel der Heilung

Viele Menschen meiden alternative Heilverfahren obwohl sie in der Schulmedizin keine Heilung gefunden haben. Lieber rennen sie weiter von einem Arzt zum Anderen. Warum ist das so?

Weil diese Menschen Angst davor haben, selbst Verantwortung übernehmen zu müssen. Es ist viel einfacher seinen Körper bei einem Arzt „abzugeben" und ihm die Verantwortung zu übergeben. Naturheilweisen regen meist dazu an nachzudenken, selbst einen Teil zu übernehmen (und sei es nur Tee zu kochen), das mögen viele Menschen nicht.
Außerdem bedenkt, dass es für viele ältere Menschen die einzige Möglichkeit ist, Aufmerksamkeit zu bekommen, ohne etwas dafür bezahlen zu müssen. Das ist sehr traurig. Daran krankt eure ganze Gesellschaft. Schenkt einander Zeit und Liebe, dann seid ihr auf dem richtigen Weg. Liebe heilt besser als jede Medizin.

In Liebe, Erzengel Raphael, Engel der Heilung

Sollen wir eine Sportart betreiben, um unseren Körper fit zu halten?

Es ist sehr schön für euren Körper, wenn ihr euch bewegt und fit haltet. Aber eine Sportart, die für alle gleichermaßen gut ist, gibt es nicht. Hört auf euren Körper und gebt seinem Verlangen nach. Leistungssport und Wettkampf tut keinem gut, aber wir wissen, dass ihr immer danach strebt euch zu messen und möglichst besser zu sein als Andere. Das ist aber kein Sport für den Körper, sondern Sport für das Ego, haltet euch davon fern. Pflegt euren Körper und ehrt ihn, als das was er ist, die Möglichkeit viele Erfahrungen auf dieser Erde zu sammeln und auch eine Hilfe dabei, auf euren ausgewählten Weg zu finden.

In Liebe, Erzengel Raphael, Engel der Heilung

Ich bin Raucher und weiß eigentlich, dass dies meinem Körper schadet, aber ich komme ich nicht los davon. Wie kann ich diese Sucht besiegen?

Was soll ich dazu sagen, wenn du dich schon mit „ich komme nicht los davon" programmierst, wie soll es dann gelingen? Du musst auf dich vertrauen, denn du kannst alles schaffen, was du willst. Glaube an dich und es wird gelingen. Schau in dich hinein und sieh, warum du dich an einer Zigarette festhalten musst, auch das wird dich ein Stück weiter bringen. Du bist ein wundervoller Mensch und du wirst von uns allen herzlich geliebt. Natürlich kannst du auf allen Ebenen aufgeben dir selbst zu schaden. Liebe dich auch und du wirst sehen du wirst wachsen.

In Liebe, Erzengel Raphael, Engel der Heilung

Schilddrüsenprobleme sind bei uns sehr verbreitet. Warum haben so viele Menschen damit Probleme und was hat es auf sich damit? Wie kann eine Heilung erfolgen?

Die Schilddrüsen stehen für die Öffnung, für eine Kommunikation mit der geistigen Welt, ebenso für die Findung der Lebensaufgabe. Immer weniger Menschen öffnen sich ihrer Intuition, somit fällt ihnen der Kontakt zu der geistigen Welt sehr schwer und häufig finden sie Aufgrund dieser Tatsache ihre Lebensaufgabe, die sie sich gestellt haben, nicht. Sie laufen in die falsche Richtung und an ihrer wahren Bestimmung vorbei. Die Erkrankung der Schilddrüse macht sie auf diese Tatsache aufmerksam. Sie zeigt ihnen, dass sie an ihrem Halschakra arbeiten müssen. Wenn sie dies tun, kommt mit der Zeit alles in Fluss, die Kommunikation mit der geistigen Welt kann beginnen und sie werden über kurz oder lang ihre Bestimmung finden. Damit wird die Erkrankung überflüssig, die Menschen werden gesund und können ihren Weg beschreiten.

In Liebe, Erzengel Raphael, Engel der Heilung

P.S. Arbeitet an euch, liebe Menschen, und Krankheiten werden überflüssig werden

Wirken die Strahlen von Mobiltelefonen schädlich auf den menschlichen Körper? Was ist mit anderen Strahlen, wie zum Beispiel von Mikrowellengeräten, DECT-Mobiltelefonen, Babyphone oder dem heimischen PC-Bildschirm, richten diese Schaden an unseren Körpern an?

Ja, die Strahlung von Handys und sonstigen elektrischen Geräten kann sich negativ auf den menschlichen Körper auswirken. Wie ihr ja schon festgestellt habt, degeneriert die Nahrung in der Mikrowelle, das heißt Eiweiß und Vitamine sind für den menschlichen Körper nicht mehr so verwertbar, wie ohne diese Strahlung. Die Strahlung von Mobiltelefonen in Maßen genossen ist nicht so schädlich. Es ist wie mit Allem: Was man übertreibt wird schädlich. Ihr solltet lieber an euren telepathischen Fähigkeiten arbeiten, dann wären die Handys sowieso unnötig. Allerdings, je mehr Platz ihr in eurem Geist der Furcht vor diesen Strahlen einräumt, desto schädlicher können sie auf euch einwirken. Manche Menschen sind auch schon durch Leben gegangen, die sie immun werden ließen gegen jegliche Strahlung. Also auch hier ist der Grad der Schädlichkeit wieder ganz individuell.

Der beste Schutz davor ist, sie nicht zu benutzen. Allerdings gibt es auch immer mehr Strahlenumweltverschmutzungen, gegen die man mit mancherlei Mitteln vorgehen kann und sollte. An erster Stelle steht die Bewußtwerdung, danach arbeitet ihr an eurem Lichtmantel, Anleitung folgt.
Vor den Bildschirm, ob Fernsehen oder Computer, gehört ein Edelstein, der euch hilft diese Strahlung zu neutralisieren (Vorschläge: Rosenquarz, schwarzer Turmalin, Baryt und Bergkristall).
Um euer Haus vor elektrischen oder elektromagnetischer Strahlung zu schützen, bedarf etwas Aufwand, aber es sollte es euch wert sein. (Anleitung folgt gleich)
Babyphone kann man auch mit Edelsteinen entstören und in einiger Entfernung zum Bett des Babys aufstellen, aber sonst sind sie eine wunderbare Erfindung (wenn man sie verantwortungsbewusst benutzt).

Wie können wir uns vor diesen Strahlen wirksam schützen?

Lichtmantelarbeit zum Schutz des Körpers:

Geht in Ruhe und konzentriert euch auf eure Atmung. Danach

atmet ihr Licht durch das Kronenchakra ein (in der Mitte über dem Kopf stellt man sich eine Lichtsäule vor) und dann zieht man das Licht beim Einatmen bis zum Hara hinunter. (Hara: Körpermitte, drei Finger breit unter dem Nabel in der Körpermitte, dies ist der Energiemittelpunkt des Körpers) Das Licht beim Ausatmen in der Vorstellung durch den Nabel ausströmen lassen und so lange fortführen, bis sich eine Lichtglocke um dich gebildet hat, die nach außen hin strahlt, durch die aber von außen nichts herein kann. Das müsst ihr euch so vorstellen, wie einen hellen Raum, da strahlt auch das Licht durch die Fenster hinaus, aber nicht das Dunkel von draußen herein.

Anleitung zum Schutz des Hauses:

Zuerst kommt die Reinigung des Hauses. Ihr geht mit einer violetten Kerze im Uhrzeigersinn durch alle Räume eures Hauses.

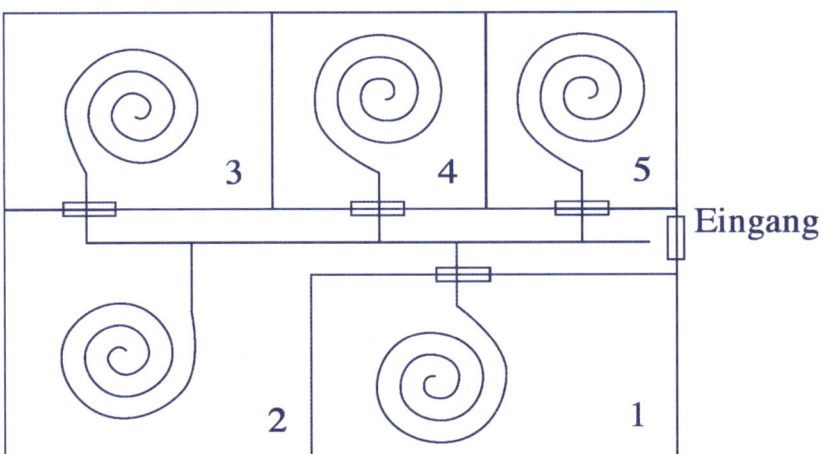

Nach der Reinigung müsst ihr über drei Tage lang den Schutz aufbauen, indem ihr in jedem einzelnen Raum eine weiße Kerze entzündet und folgendes Gebet sprecht:

Allerhöchster Geist
Vater und Mutter allen Seins
Bewahre diesen Ort vor Strahlungen
und negativen Schwingungen aller Art
und lasse hier nur die lichtesten, positiven,
für alle Menschen heilsamen
Schwingungen Einzug halten.
Segne dieses Haus und alle die darin wohnen
und alle, die hier ein und aus gehen.
Amen, so sei es.

So tut es drei Tage hintereinander und euer Haus wird gereinigt und erneuert sein bis ihr selbst negative Kräfte einladet.

In Liebe, Erzengel Raphael, Engel der Heilung

Bei immer mehr Kindern werden ADHS oder ADS diagnostiziert. Die meisten Eltern nehmen diese Diagnose hin und verabreichen auf Anraten des Arztes Psychopharmaka,wie Ritalin oder Ähnliches. Wie erleben diese Kinder ihre Jugend, was passiert mit ihrem Gehirn bei der Gabe dieser Medikamenten?

Diese Kinder kommen auf die Erde um wach zu rütteln und das alte System in Frage zu stellen. Wenn man ihnen Medikamente verabreicht, um sie ruhig zu stellen, unterdrückt man dabei ihre Entwicklung und hindert sie daran, ihre Aufgaben zu erfüllen. Die Kinder erleben sich dadurch als ein störendes Objekt, als nicht in Ordnung, so wie sie sind. Das Ritalin oder auch die anderen Medikamente ziehen wieder den Schleier zu, der bei diesen Kindern schon teilweise durchlässig ist. Es macht sie den Erwachsenen, die noch hinter dem Schleier leben ähnlicher und von daher auch erträglicher, aber es dient in keiner Weise irgend einer Entwicklung. Es wirkt sozusagen als Schlaftablette für die Welt. Es wäre schön, wenn ihr dieses Syndrom auf andere Weise behandeln würdet. Mit mehr Liebe und Aufmerksamkeit für die Kinder und auch mit Homöopathie und Bachblüten sind Erfolge zu erzielen.

In Liebe, Hilarion und Erzengel Raphael

Gibt es Kräfte, welche die Gabe solcher Psychopharmaka unterstützen und warum?
Gibt es Alternativen, um diesen Kindern zu helfen?

Es gibt wohl Kräfte, welche die Gabe der Psychopharmaka unterstützen, zum Beispiel die Pharmafirmen. Aber es ist kein böser Wille, sondern wirklich der Glaube, helfen zu können, wenn es auch ein Schuss nach hinten ist. Der Teufel ist es nicht und auch keine dunklen Mächte, ihr Menschen selbst legt euch diese Steine in den Weg. Die Eltern müssen ja keine Psychopharmaka geben. Wie schon gesagt, gibt es viele verschiedene alternative Möglichkeiten. Ihr müsst aber versuchen für eure Kinder die Richtige zu finden. Auch hierzu gibt es kein allgemeingültiges Rezept, außer der Liebe.

In Liebe, Erzengel Raphael

Die psychiatrischen Anstalten sind voll mit Menschen mit diagnostizierten Krankheiten, wie Schizophrenie oder Ähnlichem. Woher kommen diese Krankheiten und wie kann man sie heilen?

Viele Menschen hören heute Stimmen oder haben Kontakt zur geistigen Welt. Sie sind aber nicht so gefestigt, dies für sich als positiv anzunehmen. Sind wir einmal ehrlich, meine Partnerin denkt auch oft: Wenn ich meine Kontakte mit der geistigen Welt einem Psychiater erzählen würde, wäre ich auch schon in einer Anstalt gelandet. Aber Menschen, die schon viel an sich gearbeitet haben und fest in sich selbst stehen, wissen, dass es diese Seite des Schleiers gibt und der Kontakt positiv für alle Menschen ist. Oft sind psychische Erkrankungen, wie zum Beispiel Depressionen, aber auch dadurch hervorgerufen, dass man dem Ruf seiner Seele nicht folgt, das heißt, wenn ein körperliches Symptom auftaucht, man es schnellstmöglichst weg haben will und nicht über seinen Sinn nachdenkt. Man geht zum Arzt, gibt sich ab, und sagt im übertragenen Sinn: „Mach das weg!". Aber das Unterdrücken der körperlichen Symptome führt euch nur tiefer in die Krankheit hinein und das Ende davon ist eine psychische Erkrankung.
Man kann sie verhindern, indem man auf seinen Körper hört. Heilen ist schon etwas schwieriger, auch hier gibt es verschiedene Möglichkeiten, die jeder für sich selbst oder für seine Angehörigen herausfinden kann, ob Beten, Liebe, Homöopathie, eine psychologische Behandlung oder Ähnliches ist von Fall zu Fall verschieden.

In Liebe, Hilarion

Warum gibt es Menschen mit Behinderungen und schlimmen Krankheiten, womit haben die das verdient?

Mit ihrem Wunsch in diesem Leben die Erfahrung dieser Behinderung zu machen, haben sich diese Menschen diese verdient. Ihr seht es immer noch als Bestrafung, eine Krankheit oder Behinderung zu haben. Es sind aber ganz besondere Möglichkeiten der Schulung damit verbunden. Ohne euer vorheriges Einverständnis und ohne eure vorherige Planung geschieht nichts auf dieser Erde, denn ihr seid die Schöpfer eures Seins und tragt das Göttliche in euch.

In Liebe, euer Seraphis Bey

Die Entdeckung von Impfstoffen war sicher ein Segen für die gesamte Menschheit. Heute bekommen schon alle Babys und Kleinkinder Mehrfachimpfungen gegen alle Kinderkrankheiten. Ist das noch sinnvoll?
Wie sind diese Impfungen zu bewerten und soll ich mein Kind so impfen lassen? In letzter Zeit hört man oft von Impfschäden im Zusammenhang mit den Mehrfachimpfungen.

Ja, sicher war die Entdeckung von Impfstoffen ein Segen für die Menschheit, aber leider herrschen jetzt wieder Übertreibung und Profitgier vor. Einem Baby eine 6-fach Impfung zu machen grenzt schon an Körperverletzung. Warum soll sich dieser kleine Mensch schon mit 6 Krankheitserregern (wenn auch in abgeschwächter Form) gleichzeitig auseinandersetzen, denen er in seinem Leben mit absoluter Sicherheit nie gleichzeitig begegnen würde.
Lasst eure Kinder die Kinderkrankheiten durchmachen.

Nehmt euch wenn sie krank sind Zeit für sie, gebt ihnen Liebe und Fürsorge, das bestärkt sie in ihrem Vertrauen und rennt nicht nur dem Geld nach. Kinderkrankheiten helfen den Kindern mit ihrer Seele richtig in den Körper zu inkarnieren. Sie festigen das Band zwischen Körper und Seele. Nicht umsonst, bemerkt man oft bei Kindern nach einer Erkrankung einen großen Fortschritt in ihrer Entwicklung. Nehmt euren Kindern nicht diese Möglichkeit der Festigung. Ebenso stärken alle in der Kindheit durchgemachten Erkrankungen (die ohne Antibiotikum überstanden worden sind) das Abwehrsystem des Körpers und geben ihm Kraft für seine Aufgabe.

Antibiotika sind ebenfalls ein Segen für die Menschheit, wenn sie verantwortungsbewusst und bei schweren Erkrankungen gezielt eingesetzt werden. Aber bei jeder Erkältung gegeben, können sie zum Fluch werden.

Ob du dein Kind impfen lassen sollst, hängt von deiner seelischen Entwicklung ab. Hast du viel Angst vor Krankheiten und deren Sinn noch nicht begriffen, lasse dein Kind impfen (aber bitte keine 6-fach Impfung). Hast du den Sinn von Krankheiten erkannt, dann werden für dich Impfungen wohl der Vergangenheit angehören, oder du entschließt dich für einen Mittelweg und lässt nur einige, wenige Impfungen durchführen.

Wer braucht schon eine Impfung gegen Röteln und Windpocken wenn er noch im Kindesalter ist?

In Liebe, Erzengel Raphael

Woher kommen die sogenannten neuen Zivilisationskrankheiten, wie zum Beispiel Aids, Vogelgrippe usw.?
Falls diese Frage überhaupt in Einem beantwortet werden kann.

Diese Krankheiten kommen aus der Notwendigkeit, dass die Menschheit umdenkt. Bei Aids ist es so, dass die Sexualität leider missbraucht wird. Ohne Liebe ist Sexualität nicht positiv und macht über kurz oder lang krank. Bei häufig wechselnden Sexualpartnern, das heißt Sex ohne Liebe, ist die Gefahr der Ansteckung am Größten. Bitte ihr Lieben, erkennt das Opfer, vor allem der Kinder, die inzwischen auch an Aids erkrankt sind und kehrt um. Es ist nicht notwendig so prüde zu sein, wie manche religiösen Vereinigungen das propagieren, aber es ist absolut wichtig und unerlässlich die Liebe zu leben und nicht wie ihr sagen würdet: „Eine schnelle Nummer zu schieben". Auch, dass Menschen um überleben zu können ihrer Körper verkaufen müssen, ist wahrhaftig nicht in Ordnung. Liebt euch selbst und eure Mitmenschen, dann kann diese Art von Sexualität nicht weiter Bestand haben.

Bei der Vogelgrippe ist das wieder etwas Anderes: Es ist in Ordnung manchmal Fleisch zu essen, aber nicht in dem Maß und unter den Bedingungen, wie sie bei euch bestehen. Es ist das Gleiche, wie mit dem Rinderwahnsinn (aus dem ihr leider nichts gelernt habt). Haltet die Tiere artgerecht, hört auf sie zu quälen und diese ganzen Erkrankungen werden überflüssig werden.

In Liebe, Hilarion

Warum bekommen ältere Menschen Alzheimer, was geschieht mit diesen Menschen und wie können wir ihnen helfen?

Man bekommt Alzheimer, wenn die Seele erkennt, dass der Mensch in diesem Leben nur noch im Innereren seinen Pfad finden kann. Darum verliert er nach außen hin den Bezug zum Leben, ist aber, auf diese Art und Weise, für sein Umfeld natürlich nicht erkennbar, in seinem Inneren dabei, sein schwerstes Stück Arbeit auf diesem Lebensweg noch zu erledigen. Ehrt diese Menschen, denn es ist ein schwieriger Weg, den sie eingeschlagen haben, für sie selbst und für ihr Umfeld. Ihnen zu helfen ist nur auf geistig-seelischer Ebene möglich, das heißt, sie mit Licht und Liebe zu erfüllen und sie den von ihrer Seele gewählten Weg beschreiten zu lassen. Im Anfangsstadium der Erkrankung sollte man die Betroffenen anleiten zu meditieren, um ihrer Seele zu ermöglichen ihre Arbeit auch im geistig klaren Zustand machen zu können.

Meditation:

Gehe in die Stille, entspanne dich und visualisiere einen Raum mit einer angelehnten Tür. Durch die Tür fällt ein Lichtstrahl hinein. Nun hast du die Möglichkeit diese Tür zu schließen, das bedeutet du entscheidest dich deine Arbeit an der Seele im stillem Kämmerlein deiner Erkrankung anzugehen, oder aber du schreitest mutig voran, öffnest die Tür zum bewussten Bearbeiten der Aufgaben. Dies fordert dich auf, ganz bewusst täglich durch Meditation in Kontakt mit deinem Höheren Selbst zu treten und dir von ihm, den für dich richtigen Weg aufzeigen zu lassen. Das heißt, du durchschreitest in deiner Meditation täglich die Tür zum Licht und begegnest dort deinem Höheren

Selbst, öffne dich ganz bewusst für seine Information und nimm seine Anweisungen dankbar an. Befolge sie, so wird die Krankheit nicht in ihrer vollen Zerstörung auftreten.

In Liebe und Mitgefühl,
Erzengel Raphael, Engel der Heilung

Warum kommen Kinder mit operationsbedürftigen Geburtsfehlern auf die Welt?

Weil es in diesen Fällen notwendig ist, den Eltern die Lernaufgabe der besonderen Fürsorge zu stellen, manchmal auch bis zum Loslassen hin. Für solche Aufgaben stellen sich meist sehr große Seelen zur Verfügung oder Seelen, die noch schweres Karma aufzulösen haben.

In Liebe, Hilarion

Viele Kinder haben schwere, teils unheilbare Krankheiten und sterben früh. In manchen Familien sterben sogar mehrere Kinder. Warum muss das sein, bitte erklärt uns das?

Diese Seelen brauchen für Ihren Einzug in die Meisterschaft nur noch diese eine kurze Erfahrung. Manchmal kommen sie aber auch nur aus Liebe für ihre Seelenfamilie, um ihnen beim Lernen von Vertrauen und Loslassen auf der materiellen Ebene zu helfen. Denn auf der geistigen Ebene bleiben sie ihren „Eltern" immer nah und stehen jederzeit für Trost und Hilfe bereit. Ihr könnt euch nur schwer vorstellen wie das geht, auf der einen Seite bei den Eltern zu sein und auf der Anderen in der Glückseligkeit der Einheit. Aber nach dem Tode ist nicht mehr alles so eng wie hier. Ihr habt alle Möglichkeiten und könnt an vielen Stellen gleichzeitig sein und vieles zur gleichen Zeit tun.

In Liebe, Hilarion

Was ist mit Aids oder anderen heute unheilbaren Krankheiten, warum gibt es sie und wie kann eine Heilung erfolgen?

Wie oben erwähnt, gibt es Aids weil die Menschen in Maßlosigkeit verfallen sind, als aufrüttelndes Ereignis, als Wegweiser, in diesem Fall nicht nur für die Einzelnen, sondern für größere Teile eurer Gesellschaft. Wacht auf und erkennt den Weg der Liebe, dann sind solche Krankheiten nicht mehr notwendig. Eigentlich gibt es keine unheilbaren Erkrankungen, man hat immer die Möglichkeit sein Leben vollkommen zu ändern, den für den einzelnen Menschen richtigen Weg zu finden und ihn dann auch zu gehen. Es sei denn, es ist für die Seele an der Zeit den Weg nach Hause anzutreten und den Körper zu verlassen. Dafür braucht ihr jetzt noch eine solche Krankheit, um euch vom Leib trennen zu können. Es wird aber wieder die Zeit kommen, wo ihr (wie früher die Indianer) euren Körpern verlassen können werdet, wenn eure Zeit gekommen ist, ganz ohne Krankheiten und Leiden, einfach so.

Erzengel Raphael und Sanat Kumara:
„Wir lieben euch und beobachten eure Fortschritte mit großer Freude und Genugtuung"

Schickt Gott uns all diese Krankheiten, um zu läutern?

Oh ihr Lieben, wie schön wäre es, die Schuld für das was geschieht auf Andere abschieben zu können, aber so ist es nicht! Ihr alle seid verantwortlich für das, was euch geschieht, auf allen Ebenen und in allen Dimensionen.
Krankheit ist keine Strafe Gottes, es ist der Aufschrei eurer Seele um euch auf den rechten Weg zu bringen. Ihr habt euch so viel vorgenommen für dieses Leben und wenn ihr diesen Weg auch nicht im entferntesten nahe kommt, wird es Zeit für euere Seele euch aufzurütteln. Wacht auf und hört auf euer Höheres Selbst, es kennt den Weg und eure Lebensaufgabe.

In Liebe, Hilarion

Rose der Erde
wirke und werde
ich bleib euch treu

Führ euch zur Liebe
alles Getriebe
kann euch nicht öffnen
das Tor zum Licht

Mit meiner Führung
werdet ihr finden
und könnt verkünden
den Weg ins Licht;
fürchtet euch nicht!

Alles wird einfach
keiner allein
Liebe muss sein

Worte, die von selber klingen
Engel, die mit Menschen singen
sind euer Lohn
freuet euch schon

Kinder, die von Herzen lachen
und die Seele fröhlich machen
führen euch den Weg zum Glück
kein Zurück

Friede, Freude, Fröhlichkeit
alle Menschen sind bereit
mit euch diesen Weg zu gehen
ist das nicht schön

Ihr leistet hier die Vorarbeit
viele Andere sind bereit
um euch zu unterstützen
das kann jedem nützen

Steigt hinauf auf die Wendeltreppe
sie geht mit euch ins Licht empor
doch seht euch vor

Noch hie und da sind Stolpersteine
geht den Weg besser nicht alleine
nehmt andere mit
das ist der Schritt

Hinein in die Himmelsweiten
wird die Liebe euch begleiten

Kraft durch Zartheit
steter Tropfen höhlt den Stein
das muss so sein

Sonst fällst du mit der Tür ins Haus
und das Feuer der Liebe geht aus

Jubelt und singt
hüpfet und springt
es ist vollbracht
vorbei ist die Nacht

Hell ist der Tag
an dem die Liebe regiert
das ist nun passiert

Ich danke euch für euer Tun
Das Werk ist vollbracht
jetzt dürft ihr bald ruhn

Fragen zur politischen Entwicklung

Warum ist die Politik unseres Landes so losgelöst vom Volk? Merken die nicht, dass ihre Politik an der Wirklichkeit und am Volk vorbei geht? Wann ist hier endlich mit einem Wandel zu rechnen?

Wer sind die denn, ohne euch das Volk? Was denkt ihr, das Volk, denn von denen, welche die Politik für euch machen? Wir raten euch endlich zu erkennen, dass ihr nicht machtlos seid, nicht Opfer, wie ihr euch immer so gerne darstellt. Auch die Politiker, die an die Macht kommen, werden geprägt durch das Gedankenbild, das die Mehrheit des Volkes sich von ihnen macht. Können sie dann überhaupt anders sein, als sie sind? Seid einmal ehrlich zu euch, was denkt ihr denn von den Politikern? Haben Sie damit überhaupt eine Chance ihre Arbeit gut zu machen und von Vorteil für euch alle zu sein? Betrachtet eure Gedanken und ändert sie **jetzt**! Erst dann kann sich auch die Arbeit der Politiker ändern. Je mehr ihr an euren Gedankenbildern arbeitet, desto mehr wird geschehen zum Positiven, wenn ihr positiv denkt, zum Negativen, wenn ihr negativ denkt. So ist das also, fasst euch auch auf dieser Ebene zuerst einmal selbst an die Nase und hört auf mit dem Finger anklagend auf Andere zu zeigen (egal in welchem Lebensbereich). Gebt den Menschen, die euer Land führen wollen doch eine reelle Chance, auch etwas Gutes zu bewirken. Wir freuen uns schon auf die positive Reaktionen,auf eure Gedanken und stehen bereit helfend einzugreifen.

In Liebe, die Weiße Bruderschaft

Ist unser Regierungssystem überhaupt so perfekt, wie es dargestellt wird?

Die Welt und euer Regierungssystem ist das, was ihr von ihr denkt, lässt euch das aufhorchen? Das glaube ich wohl, denn ich fürchte, die allerwenigsten Menschen denken Gutes über die Regierung. Kehrt um und erkennt die große Kraft eurer Gedanken. Es wird Zeit für euch alle, in allen Bereichen positiver zu werden. Schwingt eure Gedankenmuster auf eine höhere Ebene ein und alles, auch die Menschen an der Regierung, werden diese erhöhte Schwingungsebene bemerken und von ihr positiv beeinflusst werden.

In Liebe, Kuthumi

Die Weltmacht mischt sich in allen Ländern ein und beschwört Kriege herauf, selbst wenn dafür Beweise gefälscht werden müssen. Der westlichen Welt scheint das mehr oder weniger egal zu sein. Wie kann dieser Weltmacht Einhalt geboten werden? Wie kann sie zum Umdenken bewegt werden?

Angst um die Macht, ablenken von den eigenen Schwächen, das sind die Ursachen dieser Machtpolitik. Kriege dienen immer dem Machtgewinn und der Ablenkung und glaubt mir, keiner kann jemals einen Krieg gewinnen, denn das ist unmöglich. Seht euch die Weltgeschichte an, Gewalt zieht Gewalt nach sich. Liebe ist die einzige Macht, die stärker ist, fangt damit im Kleinen an:

„Liebe deinen Nächsten wie dich selbst"

Fangt damit an euch selbst zu lieben, damit ihr dann auch in der Lage seid, eure Mitmenschen zu lieben. Kehrt erst einmal vor eurer eigenen Tür, bevor ihr anfangt euch über die Weltmächte aufzuregen. Wie sieht es in eurer Familie aus? Herrscht dort Frieden? Wenn nicht, dann solltet ihr dafür sorgen, dass ihr Vergebung und Liebe in euer Umfeld strahlt und damit immer weiter macht. Wie wäre es, auch der Weltmacht ihre Fehler zu vergeben und Liebe auf sie auszustrahlen? Damit fängt Weltfrieden an, nicht mit Vorwürfen an die Weltmächte und an die westliche Welt. Nehme du in die Hand, was dir möglich ist und du wirst sehen, die Auswirkungen in deinem näheren Umfeld und über die ganze Welt werden nicht ausbleiben. Schließe dich einer Gruppe an, die Weltheilungs- oder Weltfriedensmeditationen macht oder gründe selbst eine. Das ist der Weg selbst umzudenken, bevor man von Anderen verlangt umzudenken.

Viel Liebe und Erfolg
auf allen euren Wegen in Richtung Liebe,
Erzengel Michael

In unserer heutigen Politik drehen sich die meisten Themen um das Eintreiben von Steuern, um den Staatshaushalt zu finanzieren. Bisher ist kein Umdenken in Sicht. Lange kann es so eigentlich nicht mehr weiter gehen. Was ist die Lösung für diese Sache? Was kann der Einzelne bewirken?

Jetzt hast du es erkannt, nur der Einzelne ist dafür zuständig den Anfang zu machen. Gebt klaglos den „Zehnten" den Politikern ab und stelle dir gleichzeitig vor, dass viele Flüsse des finanziellen Wohlstands zu dir hinfließen. Ihr müsst wissen, dass für alle Wohlstand im Überfluss vorhanden ist, ihr müsst nur bereit sein ihn anzunehmen. Wenn ihr die Gedanken des Mangels und Geizes weiter denkt, werdet ihr im Mangel leben. Denkt lieber die Gedanken des Wohlstandes und der Fülle und sie werden über euch kommen, mit all ihren Wohltaten.

Visualisierung:

Gehe in die Ruhe, achte auf deine Atmung und öffne dich den Segnungen des Universums. Sende in Gedanken deine Bereitschaft zur Annahme der Fülle ans Universum. Stelle dir vor, deine finanzielle Grundlage ist ein kleiner See, der nur einen Zufluss hat (dein Einkommen) und mehrere Abflüsse (deine Ausgaben). Nun öffnest du dein Bewusstsein für weitere Zuflüsse (aus welcher Quelle diese Zuflüsse kommen, ist im Moment nicht von Bedeutung). Das Universum wird für den segnenden Regen sorgen, so dass die Zuflüsse zu kräftigen Bächen heran wachsen und dein See des Wohlstandes immer wohl gefüllt sein wird, so dass die Abflüsse sogar notwendig sind, um das System lebendig zu erhalten. Wichtig für die Öffnung ist Geduld und die Fähigkeit alle Zweifel am Erfolg beiseite zu lassen. Lasst alle alten Programmierungen los, die da sagen: „Im Schweiße deines Angesichtes sollst du dein Brot verdienen" oder „Nur wer hart arbeitet, verdient genug". Programmiert euch um: „Ich tue mit Leichtigkeit und Freude meine Arbeit und verdiene damit genügend Geld" oder „Mir fließt auf allen Ebenen und in allen Dimensionen Wohlstand zu und ich öffne mich ihm mit Freude und Dankbarkeit".

Die Dankbarkeit ist auch ein ganz wichtiger Aspekt, seht nichts in eurem Leben als selbstverständlich an, sondern nehmt es mit Dankbarkeit entgegen. Ob das die für euch ganz selbstverständlich gewordene warme Dusche am Morgen ist (es gibt Menschen, die nichts zu trinken haben) oder, dass ihr in warmen Wohnungen euer Leben verbringen dürft. Seht auch die kleinen Wunder am Wegesrand und freut euch darüber. Geht mit offenen Augen durch eure wundervolle Welt und feiert das Fest des Lebens. Nehmt eure Segnungen dankbar an und achtet auf eure Gedanken.

In Liebe und tiefem Vertrauen zu der ganzen Menschheit,
Erzengel Gabriel

Sind die Medien vom Staat oder einer anderen Macht manipuliert? Im Fernsehen sieht man fast nur schlechte Nachrichten, obwohl doch auch täglich gute Dinge geschehen.

Ja, die Medien sind manipuliert. Aber keiner zwingt euch, euch diese ganzen angstmachenden Parolen und negativen Ereignisse anzutun. Klinkt euch aus, aus dieser Maschinerie und erkennt, dass ihr die Mächtigen seid. Jeder einzelne schafft sich sein eigenes Leben:

Dein Leben ist was du denkst was es ist",
„Die Welt ist was du denkst, dass sie ist".

Schwingt euch nicht ein, auf die negativen Schwingungen der Angst, denn sie bremsen den Lebensfluss und halten euch davon ab in eure eigene Macht zu kommen. Alleine die Schwingungen der Liebe und des Vertrauens machen euch stark und lassen euch zu Gewinnern im Spiel des Lebens werden. Seht die positiven Dinge im Leben und in eurer Umgebung und geht in Resonanz mit ihnen, denn ich sage euch, das was ihr fürchtet, zieht ihr in euer Leben, deshalb rate ich euch, in Liebe und Vertrauen euren Weg zu gehen. Schwimmt nicht mit dem Strom, sondern geht euren eigenen Weg, ergreift eure Macht und lebt in Liebe und Frieden, jetzt und jeden Tag eures Lebens.

So sei es und so ist es, in Liebe Kuthumi

Wie ist die Verständigung mit anderen Nationen zu verbessern? Zwischen manchen Gruppen gibt es noch viele Vorurteile, die Kluft ist teilweise sehr groß. Bei Problemen im eigenen Land schiebt man gerne die Schuld den Ausländern zu.

Das ist das alte menschliche Problem, es ist ja viel einfacher den Anderen die Schuld zu geben, als vor der eigenen Haustür zu kehren. Geht mit Verständnis, Liebe und Achtung miteinander um, ihr alle seid Teile Gottes und Brüder und Schwestern. Neid und Mißgunst führen nur zu Armut und Not. Liebe und Großzügigkeit öffnen die Tore für Wohlstand und Liebe. Denke immer daran, was du aussendest kommt zu dir zurück. Was wäre dir da lieber? Wenn du den Ausländern (was für ein schreckliches Wort) Neid und Hass entgegen bringst, wird Neid und Hass zu dir zurückkehren. Wenn du aber Mitgefühl und Wohlwollen aussendest, wird dieses zu dir zurückfluten. Du hast einen freien Willen, du kannst jederzeit frei wählen. Schwierig, aber wichtig ist, dass du auch den Menschen, die dir und deinem Land Hass und Feindschaft entgegenbringen mit Wohlwollen und Freundlichkeit begegnest. Lass dich nicht auf die niedrigen Schwingungen herab ziehen. Du wirst feststellen, je mehr du an positiven Schwingungen durch Gedanken, Worte und Taten aussendest, um so mehr Menschen werden dir begegnen, die ebenso denken und handeln wie

du. Das ist das Resonanzprinzip, du ziehst das an, was du aussendest. Je mehr Menschen es schaffen, auf diese hochschwin-
genden, positiven Ebenen zu gelangen, um so mehr positive
Ereignisse werden sich einstellen und auch die Mitbrüder und
Mitschwestern werden über kurz oder lang von der positiven
Kraft aus ihrem Sumpf der Negativität befreit werden. Deshalb
unserer Bitte: „Arbeitet an euch, euren Gedanken, Worten und
Taten und messt ihnen die Kraft zu, die sie besitzen, nämlich
die Kraft die Welt zu verändern."

In Liebe und Hochachtung vor euren Leistungen,
die Weiße Bruderschaft

**In Europa scheinen die Kriege endlich ein Ende zu haben,
wird das Militär irgendwann überflüssig?**

Ja, das Militär, so wie es jetzt ist wird überflüssig werden.
Aber die Institution wird bestehen bleiben, allerdings wird
sich ein anderes Wirkungsgebiet auftun. So wie es jetzt nur im
Hintergrund steht, werden die Aufgaben des Militärs im Zivil-
schutzbereich und im Bereich der Mitmenschlichkeit liegen.
Hilfe in Katastrophengebieten, Trockenzonen oder wo auch
immer Mitmenschlichkeit gebraucht wird, dort werden die
Einsatzbereiche des jetzigen Militärs liegen. Durch euer Gebet
könnt ihr unser Bemühen zu diesem Fortschritt unterstützen.

Gebet

Herr, lass Frieden werden auf Erden
Schenke uns die Gnade des Verzeihens
und die Kraft alle Menschen zu lieben
So ist es uns so sei es

In Liebe, Jesus Sananda

Es gibt viele sogenannte Verschwörungstheorien wobei oft von einer Gruppe, den Illuminaten die Rede ist, manchmal ist auch die Hochfinanz Ziel der Spekulationen. Diese Gruppen lenken angeblich das Geschick unseres Planeten und nicht unsere Regierungen. Ist an diesen Gerüchten etwas Wahres?

Eure Erde ist, was ihr denkt, das sie ist. Auch eure Führung ist, was ihr denkt, was sie ist. Je mehr Raum ihr diesen Verschwörungstheorien in eurem Leben gebt, umso mehr sind sie für euch wahr. Was macht es schon für einen Unterschied für euch, wer an der Spitze der Weltherrschaft steht, wenn ihr ihn in Liebe herrschen seht? Denn es wird nur sein, was ihr erlaubt zu sein. Und glaubt mir, die Angst vor den „bösen Illuminaten" oder wie sie auch sonst heißen mögen, bringt sicher nicht mehr Liebe in die Welt. Aber genau darin besteht eure Aufgabe, Liebe in und über die Welt zu bringen und nicht Furcht vor irgendwelchen Verschwörern. Gerade das ist der Punkt von dem ihr euch befreien sollt. Die Spaltung Gut und Böse fängt damit im Kleinen an, nämlich bei euch selbst. Auch ihr seid nicht nur Gut, seht euch eure Schattenseiten an, erkennt sie, transformiert sie, lernt, was sie euch sagen wollen und dann integriert sie in euer Sein. Seid euch immer der Tatsache bewusst, dass ihr die Erschaffer eures Lebens und eures Umfeldes seid. Ihr seid das, was ihr denkt, das ihr seid und die Welt wird zu dem, was ihr denkt, das sie ist. Deshalb achtet auf eure Gedanken und bemüht euch immer sie nicht für Negatives zu vergeuden, sondern euch und somit eure Welt im positiven Sinne zu erschaffen.

Viel Spaß und viel Erfolg beim Erschaffen eures Paradieses
wünscht euch der Erzengel Gabriel

Haben wir in den nächsten Jahren mit großen politischen Änderungen zu rechnen? Können die totalitären System noch lange bestehen?

Ja, es werden in den nächten Jahren mit eurer Unterstützung sicherlich Änderungen im politischen System, aber vor Allem bei der persönlichen Zielsetzung und dem persönlichen Engagement der Politiker eintreten. Unterstützt sie mit eurer Liebe, eurer Zuversicht und eurer Positivität. Dies sind die Grundlagen für ein besseres politischen Umfeld, für eine Regierung, die das Wohl des Volkes im Auge behält und nicht nur nach Macht und materieller Bereicherung strebt. Geht auch auf diesem Gebiet in eure Verantwortung und überprüft eure Gedanken. Unterstützt die Politiker, egal welcher Partei, mit euren guten Gedanken, eurer Liebe und euren Segnungen. Erst dann werden sie in der Lage sein, die guten Hirten zu sein, die ihr euch wünscht.

In Liebe, eurer Freund und Helfer in politischen Fragen, Gautama Buddha

Ich male mir die Welt in 30 Jahren als friedlich, ohne Umweltverschmutzungen und ohne Hunger und Leid aus. Ist mein Traum realistisch? Wird es irgendwann Frieden auf Erden geben?

Ja, das wird es und das wird aus unserer Sicht gar nicht mehr so lange dauern, wobei die Zeit ja relativ ist.
Je mehr ihr an dem Weltfrieden arbeitet, desto schneller wird es vonstatten gehen. Alle Menschen sind schon immer Brüder, in Licht und Liebe verbunden. Ihr müsst es nur erkennen und dafür seid ihr Lichtarbeiter da. Jeder, der dieses Buch

liest, gehört dazu und kann zum Weltfrieden beitragen durch Visualisierungen und Gebete.

Gebet

Allerhöchster Geist, wir lieben dich
und wir bitten dich und alle deine Helfer
in dieser und in anderen Dimensionen
uns in unserer Friedensarbeit zu unterstützen
und das Licht der Liebe hineinzutragen
in die Herzen aller Menschen,
die auf diesem Planeten leben.
So ist es und so sein es

Visualisierung:

Stellt euch vor, wie ihr Liebe in die Atmosphäre sendet. Ein strahlendes rosafarbenes Licht, das aus eurem Herzchakra ausströmt und sich um den Erdball legt.

Je mehr Menschen sich an dieser Arbeit beteiligen, desto schneller hat sich eine dicke, rosafarbene Hülle um die Erde gebildet, die in der Schwingung der Liebe über die ganze Welt strahlt. Seht ganz deutlich das Bild von Menschen vor euch, die ihre Waffen wegwerfen, ihre Aggressionen loslassen und sich einander in den Armen liegen. Danach spannt eine Menschenkette um die Welt, in der sich Menschen aller Nationalitäten und Hautfarben lachend, strahlend, in bester Gesundheit und allgemeinem Wohlstand die Hände reichen. Je öfter ihr dies tut, um so schneller wird sich der Frieden auf der Erde manifestieren.

Wir sind die Nanissi*, die Friedensbringer

*Nanissi sind eine Gruppe von Wesenheiten, deren Aufgabe es ist die Menschen in Ihrer Friedensaufgabe zu unterstützen.

Nimm deine Nahrung dankbar entgegen
werte sie auf mit deinem Segen
sei genügsam und bedacht
Mutter Erde hat sie nur für euch gemacht

Belasse sie so natürlich wie möglich
dann hast du alles was du brauchst
sei zufrieden damit täglich
und in der Jahreszeiten Lauf

(Rosemarie Gehring)

Fragen zur Ernährung

Sind genmanipuliertes Getreide, Gemüse oder Obst schädlich für den Menschen?

Ja, alles was aus Raffsucht und dem puren Willen an Gewinn erzeugt wird, kann für den Menschen nicht von Nutzen sein. Alles was mit Liebe hergestellt und verwertet wird, wird dem Menschen von Nutzen sein, ihn stärken und aufbauen und ihm hilfreich sein. Wenn ihr nicht wisst, ob eure Speisen genmanipuliert sind oder nicht, segnet sie und nehmt sie voller Liebe zu euch und sie werden euch nicht schaden. Selbst das gesündeste Essen, das im Zorn oder im Zweifel verzehrt wird, kann euch keinen Vorteil bringen. Deshalb segnet all eure Nahrungsmittel und esst sie mit Liebe und Dankbarkeit. So wird eurem Körper ermöglicht werden sie zu seinem bestmöglichen Nutzen einzusetzen und ebenso die Liebes- und Dankbarkeitsschwingung, die ihr ausstrahlt auf eure Nahrung, in sich aufnehmen und in die Zellstruktur einbauen.

In Liebe, Erzengel Raphael

Man hört oft von den positiven Eigenschaften von Olivenöl, Mandelöl und anderen Ölen. Sind die wirklich so gesund für unseren Körper?

All diese Öle sind sehr gesund für den Menschen. Natürlich ist es wie bei allem anderen auch, in Maßen genossen. Mit dem Spruch „Allzuviel ist ungesund", habt ihr wieder mal ins Schwarze getroffen. Mit Allem was man übertreibt, schadet man seinem Körper, ob das nun Sport oder Ernährung ist. Denkt aber auch daran, ihm dafür zu danken, dass er euch durch dieses Leben trägt und so gut für euch arbeitet. Fragt ihn manchmal, was er sich von euch wünschen würde und versucht ihm diese Wünsche dann auch zu erfüllen. Versucht auch zu eueren Organen Kontakt aufzunehmen, dankt ihnen, wenn sie gut für euch arbeiten und helft ihnen, wenn sie krank sind. Sie werden euch sagen was ihr tun sollt, seid achtsam mit eurem Körper und mit Allem, was euch auf eurem Lebensweg begegnet, dann werdet ihr euren Körper gesund erhalten.

In Liebe, Hilarion

Die Massentierhaltung kann sicher nicht als artgerechtes Halten von Tieren angesehen werden. Trotzdem wird es toleriert, um unseren Fleischbedarf zu decken. Wie können wir nur davon los kommen?

Nein, das kann sie wahrhaftig nicht. Was ganz wichtig ist, bei allem was ihr esst, segnet es im Namen Gottes und dankt ihm dafür, dass es euerem Körper als Nahrung dient. Denn durch diesen Dank und Segen ehrt ihr diese Wesen, die für euch ihr Leben gegeben haben, dann tun sie dies mit Freude. Gegen die Massentierhaltung könnt ihr etwas tun, indem ihr euren Fleischverbrauch sehr einschränkt, so wie bei euren Vorfahren, einmal in der Woche Fleisch, das wäre sehr gut, auch für euren Körper. Außerdem könnt ihr auch hier mit euren Gedanken, mit Visualisierung und beten viel für die Tiere tun. Stellt euch die Kuh auf der Weide und die Hühner auf der Wiese vor und wie alle Tiere ein artgerechtes Leben führen und es wird Wirkung zeigen.

Versucht es, in Liebe Hilarion

Wurde das Tier überhaupt erschaffen, um den Menschen als Nahrung zu dienen?

Ja, die Tiere haben für euch auch diese Aufgabe übernommen, aber wie mit Vielem, neigt ihr Menschen zu Übertreibungen. Es ist schon manchmal in Ordnung ein Stück Fleisch zu euch zu nehmen, aber in dem Maße, wie ihr das tut und auch wie ihr die Tiere behandelt, ist es sicher nicht in Ordnung.

In Liebe, Hilarion

Wie sieht es mit Fischen aus, sollten wir diese essen?

Auch Fische dürfen euch als Nahrung dienen. Leider habt ihr auch hier Methoden entwickelt, die dazu neigen die Fische auszurotten und nicht ihre Artenvielfalt zu hegen und ihnen zu danken, dass sie euch als Nahrung dienen. Ihr müsst wieder das rechte Maß in eurem Leben finden.

In Liebe, Hilarion

Nehmen wir mit dem Verzehr von Milch und Milchprodukten die Giftstoffe aus der Umwelt mit auf?

Ja, aber die Giftstoffe aus der Umwelt werden euch nichts anhaben können, wenn ihr die Nahrung segnet, in Allem das rechte Maß habt und in eurer Mitte seid. Denn auch mit Obst und Gemüse nehmt ihr Giftstoffe auf. Achtet auf eine ausgewogene Ernährung, wenig Fleisch, nicht zu viel Milchprodukte und viel Obst, Gemüse und Getreide. Esst mit Freude und Dankbarkeit, segnet eure Speisen und freut euch über die Fülle, so wird es euch gut gehen.

In Liebe, Hilarion

Wie können wir auf diese Produkte verzichten, machen sie doch einen großen Teil unserer Nahrung aus?

Ihr müsst nicht auf diese Produkte verzichten, sondern nur ihren Verbrauch auf das rechte Maß einschränken. Dies ist mal wieder für jeden Einzelnen von euch anders. Horcht in euch hinein, befragt euren Köper und ihr werdet die richtige Ernährungsweise, die persönlich auf euch passt finden. Bindet euch nicht ein, in die von anderen auferlegten Vorschriften, die mögen für diese Menschen stimmen, aber für euch vielleicht nicht. Auch hier wieder: Seid achtsam was euer Körper verlangt und gebt es ihm.

In Liebe, Hilarion.

Warum sind in Getreide, Gemüse und Obst weniger Mineralstoffe und Vitamine, als noch vor 10 Jahren?

Ja, das stimmt, das ist so. Weil durch die Überdüngung der Erde die Kraft verloren ging, eure Nahrung in der ursprünglichen Qualität zur Verfügung zu stellen. Auch hier gilt, wie auf allen anderen Ebenen, allzuviel ist ungesund. Düngt weniger und ihr werdet sehen das Getreide und Gemüse wird wieder mineralstoffhaltiger werden. Dazu muss ich euch aber noch etwas sagen: Ihr macht euch viel zu viele Gedanken um eure materielle Nahrung. Frau Jasmuheen hat euch schon vor langer Zeit gezeigt, dass euer Körper auch völlig ohne materielle Nahrung existieren kann. Ernährt euch aus dem „Licht" und ihr werdet immer alles haben, was euer Körper für seine Existenz und für sein Wohlergehen braucht. Dafür müsst ihr in die Meditation gehen und darum bitten, dass euch die Lichtnahrung zufließt. Probiert es aus und es wird euch sehr gut tun.

In Liebe, Hilarion

Ich kann den Verlockungen von Schokolade und Knabberzeug kaum widerstehen. Gerne würde ich sie unbeachtet lassen, aber irgend etwas scheint mich zu drängen, die Dinge trotzdem zu essen. Ich denke immer sie sind „gut für meine Seele". Woher kommt dieses Gefühl?

Ihr sollt euch gar nicht jeden Genuss versagen, gönnt euch ruhig mal etwas Süßes und etwas Knabberzeug, aber achtet darauf, wer bestimmt wann ihr damit aufhört. Ist es nur so eine Gewohnheit, oder genießt ihr es wirklich voller Achtsamkeit? Das Gefühl, dass die Sachen gut für die Seele sind, kommt aus frühester Kindheit, wo die süße Muttermilch tatsächlich gut für eure Seele war. Dadurch verbindet ihr auch jetzt noch das Gefühl bei der Aufnahme von Süßigkeiten mit Sicherheit, Geborgenheit und dem Gefühl geliebt zu sein. Werde dir bewusst, dass du jederzeit geborgen, in Sicherheit und geliebt bist und du wirst seltener Verlangen nach Süßem haben. Wenn du es aber zu dir nimmst, tue es mit deiner vollen Aufmerksamkeit und nicht nur mal so nebenher. Du wirst sehen du hast viel mehr davon.

In Liebe, Hilarion

Wie soll ich meine Haustiere ernähren, sind Trockenfutter aus dem Handel gut für Hunde und Katzen?

Ja, das Trockenfutter aus dem Handel ist in Ordnung für deine Haustiere, aber gib ihnen auch ruhig von den Essensresten die an eurem Tisch übrig bleiben, das ist auch gut für sie. Mische diese Nahrungsmittel für die Tiere etwa 1:1, dann stimmt das Verhältnis und deine Tiere werden bestens versorgt sein.

In Liebe Belana, die Beschützerin der Tiere

Freude ergießt sich über die Welt
mehr als ihr je euch vorgestellt
alle Menschen werden lachen,
brauchen sich keine Sorgen zu machen.
Endlose Fülle überall,
die Welt wird zum wahren Freudental.

Nur Liebe und Freundschaft euch alle verbindet,
was euch schon lange war verkündet.
Nun rückt es immer näher heran,
damit man es endlich leben kann.
Seid dankbar und bereit dafür,
denn nun steht das Glück vor eurer Tür.

Empfangt es mit offenen Armen!

(Rosemarie Gehring)

Fragen zur Natur, Reinhaltung und Regeneration der Erde

Wir verbrennen weiterhin fossile Brennstoffe um Energie zu erzeugen, obwohl wir wissen, dass die Ressourcen begrenzt sind. Leider scheinen aber auch keine echten Alternativen in Sicht. Wie können wir auf das Öl und die Kohle verzichten? Welche echten Alternativen gibt es denn? Sind Atomkraft, Sonnenenergie oder Windkraft die Lösung?

Oh ihr Lieben, es gibt sehr viele Alternativen zu den fossilen Brennstoffen. Die Sonnen- und Windenergie zu nutzen sind zum Beispiel echte Alternativen. Wobei bei der Nutzung der Windkraft auch schon wieder problematische Umweltbelastungen auftreten können. Aber seid gewiss, es gibt schon Menschen unter euch, die Lösungen für alle Energieprobleme auf der Erde in der Hand haben und es wird nicht mehr lange dauern, bis sie für euch alle nutzbar gemacht werden können. Wie ihr selbst schon wisst, ist Atomkraft nicht die Energieform für die Zukunft, da sie im Moment für euch mehr Probleme als Nutzen bringt. Aber seid getrost, es wird eine Umbruchszeit kommen und danach wird jeder von euch selbst seine Energie mit wenig Aufwand herstellen können und was sehr wichtig ist, völlig ohne Umweltbelastung. Seid offen für Veränderungen und freut euch auf die neue Zeit. Auch diese Fortschritte könnt ihr mit Visualisierungen unterstützen.
Geht in die Meditation und empfangt die heilenden und energetisierenden Bilder in die ihr euch versenken könnt und somit eine Beschleunigung des Fortschritts herbeiführen könnt.

In Liebe und Dankbarkeit,
Mephestos vom energetischen Dienst

Unsere Fortbewegungsmittel zu Lande, zu Wasser und in der Luft kommen meist nur auf Grund von Verbrennung voran. Wie könnte das in Zukunft aussehen?

Es gibt längst andere Möglichkeiten der Fortbewegung, die zum Beispiel mit Magnetismus zusammen hängen. Aber so lange die Lobby der Ölmagnaten noch eine solche Macht hat, wird die Entwicklung anderer Fortbewegungsmöglichkeiten stark gebremst. Ihr könnt ebenso auf geistiger Ebene Reisen, das ist jedem Menschen möglich, bedarf aber der Übung. Auch auf dem Gebiet der Fortbewegung, werdet ihr in den nächsten Jahren große Fortschritte erzielen, geht freudig und positiv in die Zukunft, es wird sich alles zum Guten entwickeln, nur Mut und Vertrauen.

> Mephestos vom energetischen Dienst
> steht euch gerne zu Diensten.

Haben Bäume und Sträucher Gefühle? Sind Steine, Gewässer oder Seen Lebewesen?

Alles was auf der Erde existiert hat Gefühle, alles lebt und unterstützt euch auf dem Weg ins Licht. Leider nehmt ihr euch nur zu selten die Zeit dafür, in Kontakt zu treten mit den anderen beseelten Wesen, die auf der Erde wirken. Umarmt einen Baum und ihr werdet seine pulsierende Energie und seine Liebe für euch wahrnehmen können. Selbst das kleinste Sandkorn ist auf der Erde, um euch bei eurem Weg ins Licht zu unterstützen. Dankt allen diesen Wesenheiten für ihre Hilfe, nehmt sie wahr und öffnet euch ihrer Energie. Verbindet euch zum Beispiel gedanklich mit einem Kristall und ihr werdet erstaunt sein über seine Weisheit und die Möglichkeiten der Entwicklung, die euch daraus erwachsen.

In großer Liebe und Bewunderung, Metatron

Wie wichtig sind Tiere für die Ökologie des Planeten Erde?

Ohne die Existenz der Tiere wäre auch der Planet Erde kaum existenzfähig. Alles ist eine Einheit und gehört zusammen. Was wäre ein Konzert mit nur einem Ton oder ein Bild mit nur einer Farbe? Öde, so wäre auch die Erde ohne Tiere. Auch für die Ökologie sind die Tiere nicht weg zu denken. Nehmt euch nur die Arbeit der Regenwürmer, der Käfer und der Ameisen oder das Lied der Vögel im Frühling. Ohne all dies wäre der Planet Erde verarmt und nahe dem Tod. Erkennt, dass auch der Planet Erde eine Wesenheit ist, nicht ein Ding. Mutter Erde trauert um jede Tierart die ausstirbt, aber es bestehen immer wieder die Möglichkeiten der Erneuerung und Entwicklung. Öffnet euch und werdet gewahr, dass auch ihr ein Zahnrad im Uhrwerk der Funktion des Planeten Erde seid. Ehrt alles Leben auf der Erde und vor allen Dingen, ehrt eure Mutter Erde selbst. Ihre unendliche Geduld mit euch Menschen und ihre ungeheuer große Liebe zu euch: Kein Wesen vor euch hat ihr so große Wunden geschlagen und trotzdem nährt sie euch ohne Unterlass. Betet für eure Mutter Erde und für alle Wesenheiten, die auf ihr wirken und Leben.

In Liebe und großer Hoffnung, Erzengel Raphael

Wenn ich an die ölverpesteten Strände denke, kann ich mir kaum vorstellen, dass die Natur das wieder alleine in den Griff bekommt. Dann kommt es immer noch vor, dass verantwortungslose Mitbürger Ölabfälle, Lacke und Farben

in die Natur kippen. Wie wirken sich die Verschmutzungen, die der Mensch verursacht, auf die Umwelt aus?

Die Verschmutzungen, die der Mensch verursacht wirken sich sehr negativ auf die Umwelt aus. Wie du selbst gesagt hast, seid ihr dabei die Welt zu vergiften. Ohne eure und unsere Hilfe und die Hilfe all der Wesenheiten, die auf der Erde wirken wäre es der Erde erst in Jahrhunderten möglich, sich zu regenerieren. Aber mit aller Hilfe und der Einsicht der Menschen, die aufhören müssen mit der Umweltverschmutzung, wird uns das gelingen. Auch hier kann jeder wieder mit helfen, mit Visualisierungen und Gebeten.

Stellt euch die Welt als gesunden, sauberen, strahlenden Planeten vor und manifestiert diese Vorstellung im Hier und Jetzt. Nicht zweifeln sondern eure Macht leben.

Gebet

Vater Mutter Gott, wir bitten dich, dass unsere liebe Mutter Erde gesund wird an Körper, Geist und Seele. Schenke ihr Heilung auf allen Ebenen.

So ist es und so sei es
in Liebe Erzengel Raphael

Wie bekommen wir unserer Gewässer wieder sauber? Sind wir nicht machtlos gegenüber den großen Konzernen, die alles verpesten?

Nein, ihr seid niemals machtlos. Masuro Emoto hat mit seiner Forschung über die Kristallisation des Wassers weltbewegende Feststellungen gemacht, die es jedem Einzelnen von euch ermöglichen, etwas zu tun. Besser wirken die Gebete allerdings, wenn ihr Gruppenarbeit macht.
Setzt euch in Gebetshaltung hin, faltet die Hände, geht in Andacht und Stille und sprecht:

> Wasser wir lieben dich
> Wasser wir danken dir
> Wasser wir respektieren dich
> Wasser wir ehren dich

So könnt ihr Heilungsenergie über den ganzen Erdball an das Wasser senden. Dieses Gebet kann auch für die Erde gesprochen werden und wird auch dort seine Wirkung nicht verfehlen. Ebenso für die Luft oder alle anderen Elemente oder Wesenheiten, die ihr heilen wollt.

Viel Spaß bei der Arbeit, in Liebe Hilarion.

Wir sind abhängig von den Energiekonzernen, die uns mit Strom, Öl und Gas oder Wasser beliefern. Die Preise dafür steigen und steigen, wo bleibt die alternative Energiequelle für zu Hause?

Die alternative Energiequelle gibt es längst, sie liegt nur leider in den Schubladen irgendwelcher Funktionäre, die gerne mit der althergebrachten Energie ihren Gewinn machen wollen. Die preiswerten, für jeden einfach zu handhabenden Energiequellen sind da und werden sich nicht mehr lange im Verborgenen halten lassen. Hört nicht auf zu wünschen und zu visualisieren und diese Energie wird sich überall auf der Erde manifestieren.

Ich Liebe und Danke euch für eure Arbeit,
Kryon vom magnetischen Dienst

Ergänzungsfrage: Haben diese Energien etwas mit Magnetismus zu tun?

Antwort: Oh ja natürlich, richtig genutzt ergibt sich daraus eine umweltfreundliche Energiequelle, wartet es nur ab.

Ist die Art und Weise wie wir Landwirtschaft betreiben in Ordnung oder gibt es eine bessere, effektivere Möglichkeit des Anbaues von Getreide, Obst und Gemüse?

Natürlich gibt es weit bessere Methoden als ihr sie anwendet. In Zusammenarbeit mit den Dewas, Gnomen und Elfen, wie das in „Findhorn" (Schottland) schon seit langer Zeit praktiziert wird, ist weit mehr zu erreichen, als mit Profitgier und Ausbeutung von Mutter Erde. Geht auch bei dieser Arbeit in die Liebe und ihr werdet problemlos genährt werden.

Wir freuen uns auf den Kontakt mit euch, ich bin der Meister der Erdenwesen, der Dewas, Zwerge, Elfen und Gnome, mein Name ist Egoros Majalis.

Zart, zart, unendlich zart
naht das Glück mit leisem Schritt,
nimmt euch alle an der Hand,
bringt euch ins gelobte Land,
wo die Freude wohnt.

Ihr müsst gar nicht so weit gehen,
nur mal um die Ecke sehen
und euch dafür offen machen;
dann empfangt ihr alle Sachen
und ihr werdet reich belohnt.

(Rosemarie Gehring)

Fragen zu Schule und Beruf

Unser Schulsystem scheint mir zu starr. Alle Kinder werden in ein System gepresst, bei dem es nur wenig Spielraum für Lehrer und Schüler gibt. Viele Kinder kommen damit nicht zurecht und versagen in ihren schulischen Leistungen. Sind Schulen wie Waldorf oder Montessori die Lösung?

Ja, tatsächlich ist euer Schulsystem zu starr, alle Kinder haben das gleiche Lernziel und es wird nur wenig Rücksicht auf ihre Begabungen genommen. Waldorfschulen und Montessori-Schulen sind ein Ansatz zur Verbesserung, aber dennoch nicht die Lösung. Ihr müsst euer Lernsystem noch offener gestalten, natürlich muss jedes Kind lesen, schreiben und rechnen lernen, aber dann sollte es seine Begabung ausleben dürfen. Denn sind wir einmal ehrlich, habt ihr nicht alle mindestens 80 Prozent von allem, was ihr in der Schule gelernt habt im Leben nie wieder gebraucht? Aber dafür fehlt es fast völlig an Unterweisungen im positiven Denken, sozialem Für-und Miteinander (warum sollte man einen Mitschüler bei einer Klassenarbeit nicht abschreiben lassen). In der Schule fängt der Konkurrenzkampf an, der doch so absolut überflüssig ist. Es ist wichtig zu lernen, dass für alle Menschen die Fülle offen steht und ihr nur offen und aufnahmebereit sein müsst, sie anzunehmen. Ihr müsst lernen, dass was ihr in eurem Leben tut und denkt immer wieder zu euch zurück kommen wird. Dies sind die wirklich wichtigen Lernthemen und ihr müsst lernen, eure Begabung und eure Lebensaufgabe zu finden. Dieses sind die allerwichtigsten Dinge. Wenn ihr euren Weg gefunden habt, ist es wichtig Menschen zu finden, die für euch Vorbild und Meister sein können.

Aber seid getrost, auch das Schulsystem wird sich in Zukunft zum Besseren wenden und keiner wird mehr auf die Idee kommen, alle Kinder, wie bei der Pisa-Studie, in einen Topf werfen zu wollen. Auch hier könnt ihr mit euren Wünschen, Visualisierungen und eurem positiven Denken sehr dazu beitragen Fortschritte zu erzielen.

In Liebe und Zuversicht, Meister Serapis Bey

Meine Kinder haben in der Schule Schwierigkeiten mit dem Lernstoff. Nachhilfe und alles Pauken hilft ihnen nicht weiter. Wie kann ich meinen Kindern helfen?

Du kannst ihnen dabei helfen, indem du ihnen zeigst, dass es gar nicht so wichtig ist, wie ihre Noten in der Schule sind. Versuche ihnen klarzumachen, dass sie an erster Stelle an sich selbst glauben müssen und zuversichtlich sein müssen. Außerdem ist es wichtig, wenn auch nicht immer einfach, das Positive in den Lehrern zu sehen. Auch sie haben den Gottesfunken in sich und bemühen sich, ihr Bestes in eurem starren Schulsystem zu leisten, was wirklich nicht einfach ist. Darüberhinaus ist es sinnvoll schon mit Schulanfängern die Konzentrationsübungen durchzuführen, die in der übernächsten Antwort beschrieben sind. Auf einen festen Rhythmus im Lebensablauf zu achten erleichtert auch oft den Lernerfolg.
Aber am Wichtigsten ist es, die Freude am Lernen wieder zu erwecken. Das geht leider nicht mit irgendwelchen vernünftigen Erklärungen, sondern eher aus dem Bauch heraus.
Lasst, ihr Eltern, Licht und Liebe zu den Lehrern und in das gesamte Schulsystem fließen und es wird sich einiges ändern. Unterstützt eure Kinder auch eventuell mit Bachblüten, das lässt die frustrierenden Erfahrungen der Vergangenheit verar-

beiten und offen werden für Neues.

In Liebe, ich wünsche allen, Groß und Klein,
viel Spaß beim Lernen, Serapis Bey

Gibt es überhaupt hyperaktive Kinder? Was ist von dieser Diagnose zu halten?

Ja, es gibt hyperaktive Kinder, denn das bedeutet, dass die Kinder überaktiv sind, in ihrem Bewegungsablauf nicht genügend gefordert werden. Es liegt nicht in dem natürlichen Verhalten von Kindern, den ganzen Morgen still in einer Bank zu sitzen. Was sich für die meisten oder sehr viele von Ihnen als totale Überforderung auf geistiger Ebene erweist. Die sogenannten hyperaktiven Kinder sind, wenn man es zulässt, sehr intelligent. Ihr Geist sprüht, so dass oft die Lehrer mit ihrer Geschwindigkeit nicht mithalten können. Es ist an der Zeit das Bildungssystem umzustellen, Bewegungsabläufe in den Unterricht einzubauen und die Kinder einzeln besser zu fördern. Öffnet euch auch neuen Lerninhalten, denn nicht das alte, verstaubte Wissen ist es, was in der neuen Zeit gefordert wird, sondern das Erkennen der Möglichkeiten jedes Einzelnen und seiner individuellen Fähigkeiten. Jeder ist ganz besonders, hat seine eigenen Talente und seinen eigenen Weg, den er gehen muss. Deshalb ist es ganz schwierig, 30 Kinder oder mehr gleichzeitig „in einen Sack zu packen". Lobt eure Kinder für alle Fortschritte, die sie machen, denn die Übergangszeit in der sie geboren sind, ist keine leichte Zeit. Ihre Seelen wissen so viel, aber die Umsetzung im täglichen Leben ist sehr schwer. Liebe ist wie überall auch hier die Lösung.

In Liebe, Erzengel Haniel

Wie können die Eltern ihren Kindern helfen, wenn diese sich nicht in der Schule konzentrieren können?

Es gibt eine ganz einfache Konzentrationsübung. Hängt euren Kindern ein Bild an die Decke oder an die Wand auf dem ein 1 cm großer schwarzer Punkt zu sehen ist. Übt mit ihnen jeden Abend, nach dem Einschlafritual, sich auf diesen Punkt zu konzentrieren und die Gedanken nicht abschweifen zu lassen. Das wird ihre Konzentrationsfähigkeit extrem steigern. Ihr könnt auch einige körperliche Übungen machen, die ihr in „Braingym" (siehe Buchempfehlung im Anhang) finden könt. Über-Kreuz-Übungen und sonstige körperliche Übungen, die auch den Eltern gut tun. Übt gemeinsam und ihr werdet Spaß und Freude finden und eure Konzentration verbessern.

In Liebe und viel Spaß beim Üben, Erzengel Haniel

Jugendliche müssen sich schon früh für eine berufliche Laufbahn entscheiden, oft sind sie sich ihrer Ziele nicht im Klaren. Gerne würde ich meinen Kindern bei der Berufswahl helfen, aber wie?

Es ist sehr schön, dass du dich um deine Kinder sorgst, aber auch vollkommen unnötig. Halte ihnen den Rücken frei und vertraue auf die geistige Führung, denn auch deine Kinder werden geführt, glaube es ruhig. Lasse los und vertraue, das ist das Beste, was du deinen Kindern mitgeben kannst. Lehre auch sie Vertrauen zu haben und es wird das Richtige für sie zum richtigen Zeitpunkt „zufällig" da sein. Sie werden ihren Weg erkennen und mit Freude gehen. Alle Segnungen des Universums stehen euch offen, nehmt sie an.

In Liebe, Kuthumi, der Weltenlehrer

Warum sind die Menschen in ihren Berufen nicht offen für konstruktive Kritik? Stattdessen schotten sie sich ab und schalten lieber auf stur.

Weil auch konstruktive Kritik verletzen kann und die Menschen es gewohnt sind, dass Kritik etwas Negatives ist. Wie wäre es denn stattdessen mit Lob für die positiven Seiten und Verbesserungsvorschlägen, anstelle von konstruktiver Kritik? In dieser Verpackung ist das Neue, was ja meist zuerst einmal in Frage gestellt wird, leichter anzunehmen und zu verwirklichen. Außerdem schickt euren Kollegen anstelle von Kritik lieber positive Schwingungen in Form von Licht und Liebe. Ihr werdet sehen, dass ihr damit weitaus mehr erreichen könnt als mit Kritik, möge sie auch noch so gut gemeint sein.

In Liebe, Erzengel Haniel

Warum spielen die Menschen ihre Macht oder Überlegenheit im Beruf gegenüber Lehrlingen oder weniger ausgebildeten Kollegen aus, anstatt diese zu fördern und Wissen zu vermitteln?

Dieses Verlangen nach Macht hängt wieder mit dem Ego der Menschen zusammen. Wenn er einmal in der Position ist über andere zu herrschen und Macht auszuüben, fällt es ihm oft sehr schwer sein Ego zurück zu stellen und in Liebe zu handeln. Nur in Liebe und dem Wissen, dass alle Menschen den göttlichen Funken in sich tragen, habt ihr die Möglichkeit einen Menschen wachsen zu lassen. Auch Schüler und Lehrlinge brauchen diese Liebe, um mit Freude lernen zu können und im Beruf Erfolg zu haben. Durch die Art und Weise, wie das oft in Lehrberufen ausgeübt wird, dass der Lehrling nur putzen darf, oder Aushilfsarbeiten leisten muss, ohne ihn in die eigentliche Tätigkeit einzufügen, die ihn interessiert, verliert er oft die Lust am Beruf. So gebt euch bitte Mühe, mit der liebevollen Einführung der Lehrlinge oder Azubis und bringt ihnen die wichtigen Aspekte ihres Berufes bei. Lehrt sie aber auch die sozialen Aspekte,mit Liebe und Aufmerksamkeit ihren Kollegen gegenüber zu handeln, denn die Lehrlinge von heute sind die Ausbilder von morgen.

In Liebe und dem Wissen,
dass ihr alles zum Guten wenden werdet,
Erzengel Raphael

Mein Beruf macht mir keinen Spaß mehr. Gerne würde ich etwas anderes machen, aber ich brauche das sichere Einkommen. Was kann ich tun?

Ich weiß, es wäre jetzt leicht gesagt: „Vertraue, verlasse deine Arbeit und suche dir das für dich Richtige". Aber auch das geht.
So kann ich dir nur raten, dir darüber klar zu werden, was für dich das Richtige ist. Wenn du es selbst nicht weißt, frage dein Höheres Selbst. Und wenn du es weißt, visualisiere deine neue Arbeitsstelle, die ein wundervolles, ausreichendes Einkommen bringt. Fühle die Gefühle, die du hast, wenn du nach deinem befriedigenden Arbeitstag auf deiner neuen Arbeitsstelle abends nach Hause kommst und mit dir und deinem Leben zufrieden bist. Du wirst stauen, was dann passiert. Es werden sich für dich ungeahnte Möglichkeiten ergeben.

In Liebe, Erzengel Uriel, der Wunscherfüllungsengel

Bei der Pflege von Patienten richtet sich alles nur noch nach Zeit und Geld und nicht mehr nach den Bedürfnissen des Einzelnen. Für das persönliche Gespräch und das Kümmern bleibt meist zu wenig Zeit. Der soziale Aspekt wird vollkommen in den Hintergrund gedrängt.

Wie kommen wir aus dieser unsozialen Spirale in den Pflegeberufen heraus?

Ihr kommt da heraus, indem ihr die Liebe und nicht das Geld in der Vordergrund stellt. Selbst wenn tagsüber für das Behandeln und das Gespräch sehr wenig Zeit bleibt, hindert euch nichts daran, nach eurem Dienstende euch täglich eine kurze Zeit um eine einzelne Person zu kümmern. Wenn das jeder tut, kann man schon sehr viel ändern, denn gerade in diesen Berufen sollte man mit Liebe an seine Arbeit gehen und sich keinesfalls durch den materiellen Aspekt ausbremsen lassen. Da ihr ja inzwischen wisst, dass alles was man gibt, zu einem zurück kommt, könnt ihr euch auch darauf freuen, dass euch in schlechten Zeiten, wenn ihr euch alleine gelassen fühlt mit Sicherheit auch Hilfe gegeben wird. Ihr dürft dieses Dienstverhältnis am Menschen nicht zu eng sehen, sondern euch über euere eigene Größe hinaus erheben und nicht nur nach dem materiellen Gewinn schauen. Segnet eure Arbeitgeber und den Staat, schickt ihnen Licht und Liebe und lasst sie erkennen, dass gerade die Aufgaben am Menschen die wichtigsten und kostbarsten aller Aufgaben sind. Und wünscht ihnen die Weisheit euren Einsatz auch auf materieller Ebene gebührend zu entlohnen. Sollte dies noch nicht der Fall sein, begebt euch nicht in die Enge des Haderns, sondern öffnet euch den Segnungen des Universums und ihr könnt gewiss sein, dass euer Lohn euch zufließen wird.

In großer Dankbarkeit für euer Werk an den Menschen bitten wir euch darum Licht zu verbreiten, sowohl unter Kindern, als auch unter Alten und Pflegebedürftigen.

In froher Erwartung eures Erfolges
auf der menschlichen Ebene, die Weiße Bruderschaft

Sei dein eigenes Licht,
so kannst Du
jeden Raum erhellen
(Eva Maria Sendel)

Spirituelle Fragen

Ich wünsche mir Hilfe in einer schwierigen Lebenssituation von Gott oder den Engeln. Wie sieht so eine Hilfe aus, wie spüre ich das?

Bitte in dieser Lebenssituation Gott, die Engel und deine geistigen Führer um Hilfe und vertraue ihnen und habe Geduld. Oft ist es gut, diese Bitte schriftlich festzuhalten. Und ganz wichtig, nur zum Wohle aller, um etwas bitten. Wie die Hilfe aussieht, ist ganz unterschiedlich. Vielleicht triffst du bestimmte Menschen, hast eine Idee, den Mut etwas völlig Neues zu beginnen. Es gibt Millionen verschiedene Möglichkeiten, aber es muss nicht immer die sein, die du dir ausgemalt hast. Wenn du nach einiger Zeit auf deinen Lebensweg zurückblickst, wirst du erkennen, dass gerade diese schwierigen Lebenssituationen für dich die größten Fortschritte in deinem Leben gebracht haben. Vertraue und gehe achtsam voran und du wirst erkennen, worin die Hilfe besteht.

In Liebe, die Gemeinschaft der weißen Bruderschaft

Wo fängt die Inkarnation einer Mensch-Seele an, über Pflanzen und Tiere oder direkt als Mensch?

Eine Menschenseele hat alle Ebenen des Seins auf der Erde durchlebt, vom Sandkorn, Kristall, Pflanze, Tier bis hin zum Menschen, ohne all die Inkarnationen, die ihr sonst im Universum sonst zu Schulungszwecken durchlaufen habt. Zwischendurch kommt ihr immer wieder zurück zur Quelle, bis ihr, aufgetankt mit Energie, wieder neuen Taten entgegen schreitet. Oft dürft ihr auch ein gewisses Wissen um die Einheit behalten und so kommt ihr euch nicht so verlassen vor, wie als Mensch. Als Mensch habt ihr bis jetzt die meisten Schleier zwischen euch und der geistigen Ebene gehabt. Was jetzt in dieser wundervollen, neuen Zeit nicht mehr nötig ist, denn ihr steigt auf vom Dunkel zum Licht. Durch eure eigene Arbeit habt ihr diese Fortschritte erreicht.

> Wir lieben euch und bewundern euch
> in eurem Glanz und eurer Stärke,
> die Gemeinschaft der weißen Bruderschaft

Derzeit liest und hört man oft von einer Erhöhung der Schwingung, oft im Zusammenhang mit dem Jahr 2012. Könnt ihr erklären, was da vor sich geht?

Die Erde ist der Planet, der am tiefsten in die Materie eingetaucht ist. Weit ab von der Verbindung mit dem Geist Gottes musstet ihr euren Weg gehen. Aber durch Menschen wie Jesus Christus, Buddha und viele andere mehr, wurde die Verbindung zum Geistigen wieder deutlich gemacht. (Sie hat natürlich für den Menschen unbewusst jederzeit bestanden.) Durch diese Licht- und Liebesfunken, die diese Seelen in die Welt gebracht haben, sind manche Menschen aufgewacht und haben erkannt, dass es weit mehr gibt als nur die materielle Seite der Medaille, und dass mit Licht und Liebe mehr erreicht werden kann, als sonst irgendwie. Aber erst in den letzten Jahren sind immer mehr Menschen zum Geistigen erwacht und haben endlich die gelegten Samen zur Blüte gebracht. Die kritische Masse ist erreicht und jetzt geschieht das, was ihr das Schneeballprinzip nennt. In rasender Geschwindigkeit breitet sich das Licht der Erkenntnis über die Welt aus und die Schwingungen, sowohl der Erde, als auch der Menschen, erhöhen sich.

Immer mehr Menschen kontrollieren zum Beispiel ihre Gedanken und gebieten den niedrigen Schwingungen der negativen Gedanken Einhalt. Sie lassen nur noch die positiven, vertrauensvollen Gedanken zu, was sich sehr positiv auf die gesamte Schwingung des Erdballs auswirkt. All die Lichtarbeit, die rund um die Erde geleistet wird, findet ihren Niederschlag auch im morphogenetischen Feld der Erde und trägt auf diese Weise ebenso zur Schwingungserhöhung bei. Das mit der Schwingungserhöhung könnt ihr euch vorstellen, wie mit Schulden auf der Bank: Je mehr Schulden ihr habt, je schwieriger ist es von der Summe etwas weg zu bekommen. Je mehr ihr aber abbezahlt habt, um so leichter wird es den Rest der Schulden abzubezahlen und schwupp wird es ganz leicht und sie sind weg. (Ein sehr materielles Beispiel.)

Die Schwingungserhöhung wirkt sich jedoch nicht nur auf die Erde aus, sondern auf das gesamte Universum. Ihr könnt es euch so vorstellen, dass alle Planeten des gesamten Universums auf einer Gummimatte befestigt sind. Je tiefer die Schwingung jedes Planeten ist, desto tiefer wird die Beule im Gummi und irgendwann werden alle mit heruntergezogen. Bevor das jedoch geschehen ist, ist es euch gelungen umzukehren. Die Erde wird immer leichter, die Beule immer kleiner, was auch den anderen Planeten den Aufstieg erleichtert. „Alles ist Schwingung und alles hängt zusammen".

Was das Jahr 2012 betrifft, können wir uns nicht so genau festlegen, es kommt darauf an, wie eure Arbeit voran geht, vielleicht dauert es etwas länger, vielleicht kommt der Aufstieg auch etwas früher. Auf jeden Fall werdet ihr es erleben, freut euch darauf.

In Liebe, die Weiße Bruderschaft

Wie merke ich, dass die Schwingung sich erhöht hat und ob ich mit ihr schwinge? Was kann ich tun damit ich mich der Schwingung anpasse?

Die Schwingung erhöht sich unmerklich Tag für Tag und Stunde um Stunde, aber in solchen geringen Dosen, dass es für alle ohne Gefahr möglich ist, sich ganz leicht anzupassen. Je mehr du allerdings bewusst an dir arbeitest, meditierst oder positive Gedanken aussendest, oder auch positive Ereignisse visualisierst, bist du auch selbst daran beteiligt die Schwingung zu erhöhen, nicht nur deine eigene, sondern die der gesamten Welt. Denke an die Kreise die ein Stein im Wasser erzeugt. Ebenso kannst du mit deinen Gedanken positive Schwingungen kreieren, die die Frequenz der gesamten Erde erhöhen.
Du passt dich ganz automatisch der Schwingung an und brauchst dafür nichts besonderes zu tun.
Nur Menschen, die in Hass und Zorn leben, können ihre Schwingungen nicht mit anpassen, denn sie tragen einen dunklen Mantel um sich. Aber auch das ist kein Problem, sie dürfen weiter auf der niedrigen Schwingungsebene bleiben und ihre Schulung weiter führen, denn es ist auch hier nie zu spät etwas dazu zu lernen.

Wenn ihr in Liebe und mit Liebe und Dankbarkeit lebt, schwebt ihr auf sehr hohem Frequenzbereich und werdet den Aufstieg fast unbemerkt, mit Leichtigkeit meistern, gleich einer Feder im Aufwind.

In Liebe und Hochachtung, Erzengel Michael

Was soll ich hier tun? Was ist mein Schicksal?

Wenn du die Antwort nicht weißt, gibt es mehrere Möglichkeiten.
Erstens: Nimm Verbindung auf zu deinem Höheren Selbst. Es weiß genau was du dir vorgenommen hast in diesem Leben.
Zweitens: Die einfachste Möglichkeit Antworten zu erhalten ist regelmäßiges Meditieren und Achtsam werden. Denn das Leben gibt euch ständig irgend welche Fingerzeige, die ihr nur erkennen müsst. Dies sind Wege, die ihr aus eigener Kraft gehen könnt. Wenn ihr euch lieber von einem Medium helfen lassen wollt, ist das auch in Ordnung. Aber seid achtsam und nehmt nur das an, bei dem ihr fühlt, dass es für euch das Richtige ist. Auf jeden Fall ist es wichtig den Kontakt zu seinem Höheren Selbst zu suchen und aufzunehmen. Gebt acht: Nicht der leichteste Weg ist immer der Beste.

In Liebe und Hochachtung, Erzengel Michael

Warum bin ich nicht glücklicher und zufriedener als andere Menschen, obwohl mir viel mehr Dinge bewusst sind, als der Masse der Menschheit?

Ja mein/e Lieber/e, darüber wundern wir uns manchmal auch. Obwohl du so vieles weißt und dir vollkommen klar ist, dass du der geistigen Welt vertrauen kannst, dass wir immer für dich da sind, wenn du uns nur lässt und obwohl deine finanzielle Situation immer mehr in den Fluss des Lebens kommt, kannst du es trotzdem oft nicht lassen zu kämpfen. Du bildest dir dabei ein, alles ginge dann schneller, aber, wie du weißt, ist das Gegenteil der Fall. Loslassen ist die Lösung. Wenn man etwas erzwingen will, rückt es weiter von Einem weg. Erst durch Loslassen erreicht man seine Ziele mühelos und noch andere positive Dinge geschehen im Leben. Du weißt viel, aber nicht das Wissen macht die Leichtigkeit aus, sondern das danach handeln.

In Liebe, deine geistige Führung

Es gibt das Sprichwort „Jemanden einen Spiegel vorhalten". Aber wer hält wem den Spiegel vor? Sind alle Lebenssituationen Lernlektionen und warum muss ich überhaupt Lernlektionen bekommen?

Du musst keine Lernlektionen bekommen, sondern du willst sie bekommen, weil du dir für deine Lebensreise viel vorgenommen hast. Die Menschen, die dir nahe stehen, stellen dir oft Aufgaben, an denen du wachsen darfst. Viele davon halten dir einen Spiegel vor, damit du darin erkennen kannst, was du an deinem Verhalten noch verbessern kannst, um deiner wahren Meisterschaft immer näher zu kommen. Nicht jede Lebenssituation ist eine Lernlektion für dich, denn manchmal bist auch du der Aufgabensteller für die Anderen, das wechselt häufig. Seht es als Spiel an.
Ist es nicht schön, dass ihr euch immer wieder neue Aufgaben stellt, um daran zu wachsen? Wir alle freuen uns an diesem eurem Spiel und eurem Wachstum, das es euch bringt. Bald steigt ihr weiter auf und unsere Verbindung wird immer besser werden.

In Liebe, die Weiße Bruderschaft

Was bedeutet es überhaupt erleuchtet zu sein?

Erleuchtet zu sein heißt, in der Einheit mit Allem-was-ist zu sein. Es bedeutet, bedingungslose Liebe für Alle und Alles zu empfinden, egal was geschieht. Es bedeutet, die Erkenntnis in sich zu tragen, dass alles Eins ist und entsprechend zu handeln. Wie Jesus sagte: „Was ihr dem geringsten meiner Brüder getan habt, das habt ihr mir getan." Oder: „Wenn Einer euch auf die eine Wange schlägt, dann haltet ihm auch die andere hin!". Dies zeigt euch, dass er erkannt hat, worum es geht. Er hat euch an seinem Wissen Teil haben lassen. Lebt nach diesem Wissen und ihr werdet der Erleuchtung einen Schritt näher kommen. Wahre Erleuchtung erreichen heißt, schließlich in die Einheit zurück zu kehren und dort als Aufgestiegener Meister zu dienen, so wie viele es schon tun.

In Liebe, die Weiße Bruderschaft

Wie können wir die Erleuchtung erlangen?

Betet und meditiert und lebt euer Leben mit Liebe und Verantwortung. Denkt bei euren Taten auch an die Anderen und an die Auswirkung auf das Große Ganze. Lebt euer Leben ehrlich und geradlinig und lebt die bedingungslose Liebe. Liebe ist der Urgrund allen Seins! Liebe ist Gott. Und ihr seid göttlichen Ursprungs. Kehrt zurück in die Liebe.

Denn wie ihr wisst, ist alles Eins!

In Liebe und froher Erwartung eurer Erleuchtung,
Gautama Buddha

Ausspruch Gautama Buddhas während seines Lebens auf Erden:

„Es ist größer, während fünf Minuten die wahre, göttliche Liebe auszudrücken, als 1000 Schalen Reis den Bedürftigen zu geben, denn durch die Liebe hilft man jeder Seele im Universum."

Wie viele Menschen, die auf Erden leben, haben bereits die Erleuchtung erlangt?

Noch sind es nicht sehr viele unter den Lebenden, welche die Erleuchtung erreicht haben, wie damals Jesus oder Buddha. Aber viele sind auf dem Weg dahin (eigentlich alle, aber einige brauchen noch ein paar Leben dazu). Alle, die erwacht sind, arbeiten daran immer mehr Licht in sich zu tragen und in die Welt zu bringen. (Wie ihr es auch mit diesem Buch und eurer ganzen Lebensweise tut.) Bis zur Erleuchtung ist es aber noch ein Stück des Weges.

In Liebe und froher Erwartung eurer Erleuchtung,
Gautama Buddha

Es heißt wir suchen uns selbst die Inkarnationen aus. Ich kann mir das schwer vorstellen, dass ich mir ein Leben im westlichen Wohlstand ausgesucht habe. So viele Menschen leiden Hunger und leben in Armut. Wo ist meine Verantwortung dabei?

Was findest du schlecht daran, im Wohlstand zu leben? Die Erfahrung von Armut und Hunger hast du schon 1000fach gemacht. Nun bist du hier geboren, um nicht mehr ums Überleben kämpfen zu müssen, sondern um die Aufgabe zu erfüllen, am Aufstieg mitzuarbeiten. Keiner hindert dich daran, trotzdem deine Verantwortung für Alles-was-ist zu übernehmen. Wie es Buddha während seines Lebens ausgedrückt hat: „Drücke täglich fünf Minuten wahre Liebe aus"- und du hast sehr viel für die Welt und alle Wesen im Universum getan.

Wie drücke ich wahre Liebe aus?

Gehe in die Stille und sende aus deinem Herzchakra einen roten Liebesstrahl. Zuerst in deine Aura, dann sende dieses Licht Stück für Stück weiter aus. In dein Haus, um deine Familie herum, um den Ort in dem du lebst, um das Land in dem du lebst, über die ganze Welt. Lege eine wundervolle rote Lichthülle um die Erde herum und lasse zu guterletzt das rote Licht der bedingungslosen Liebe und Annahme ins Universum strahlen. Diese Visualisierung täglich durchgeführt, bewirkt mehr als die besagten 1000 Schalen Reis.

In Liebe, der Weltenführer Sanat Kumara

Haben Tiere auch eine Seele? Werden Sie wieder geboren?

Ja, auch Tiere haben eine Seele. Sieh deinem Hund oder einem anderen Tier in die Augen und du wirst es wissen und selbst spüren, dass Tiere eine Seele haben. In gewisser Weise sind Tiere weiter entwickelt als der Mensch, denn für sie ist bedingungslose Liebe kein so schwieriges Unterfangen wie für euch Menschen. Allerdings ist die Tierseele noch mit allen anderen Seelen ihrer Gattung eng verbunden (noch näher an der Einheit als der Mensch). Deshalb ist es für die Tiere auch nicht so schwierig wie für euch, die bedingungslose Liebe zu leben. Die Aufgabe der Seele, die in einem Menschen wohnt, ist es, von sich aus in die Einheit und in die Liebe zurück zu finden. Tiere vertrauen immer auf Gott, sie leben im Hier und Jetzt, sie trauern nicht lange Vergangenem nach oder fürchten die Zukunft. Sie folgen ihren Instinkten und leben sehr gut damit. Wie Jesus schon sagte: „Seht die Vögel auf dem Feld. Sie säen nicht, sie ernten nicht und unser Vater im Himmel ernährt sie doch." Stück für Stück arbeitet sich eine Seele durch alle Erfahrungen des Universums, also werden auch Tiere wieder geboren. Natürlich! Allerdings ist es nicht so, dass der Mensch, wenn er etwas falsch gemacht hat, wieder als Tier inkarnieren muss. Glaubt es endlich, Gott straft nicht, er ist die Liebe. Jeder Mensch hat jede Stufe des Seins auf der Seelenebene schon durchlebt, hört in euch hinein und ihr werdet es wissen.

In Liebe, die Gemeinschaft der Weißen Bruderschaft

Wie visualisiere ich, wenn ich bei der Heilung eines Menschen Unterstützung leisten will, die „Makellose Vorstellung" des Menschen?

Diese Visualisierung ist ganz einfach und mit etwas Übung und Vertrauen sehr wirkungsvoll.
Du stellst dir ein vollkommen gesundes, neugeborenes Baby vor, dass in all seiner Reinheit und göttlichem Glanz auf einer weichen Decke liegt. Es ist umgeben von einer Aura strahlend weißen Lichtes, das jede einzelne Zelle seines Körpers durchströmt. Vollkommen perfekt und im Bewusstsein seiner Göttlichkeit. So lange es dir möglich ist halte an diesem Bild fest und nenne drei mal Vor- und Zunamen deines Schützlings und sage dann: „Alle deine Zellen und auch deine Seele erinnern sich an ihre ursprüngliche Vollkommenheit und kehren jetzt in diesen Zustand zurück."

Danke Gott und allen seinen himmlischen Helfern für ihre Hilfe bei der Heilung und freue dich an deinem Erfolg.
Handle auf diese Weise und du wirst Wunder erfahren.

In Liebe, Hilarion

Kann ich über längere Zeit den gleichen Edelstein tragen oder soll ich ab und zu wechseln?

Es ist vollkommen in Ordnung zur Behandlung von chronischen Beschwerden oder konstitutionell über lange Zeit den gleichen Stein zu tragen. Man darf aber auch ruhig für akuten Beschwerden andere Steine dazu einsetzen.
Es gibt keine Steinenergieen, die sich gegenseitig negativ beeinflussen. Deshalb könnt ihr ohne Bedenken herumprobieren und schauen was euch GUT tut.

Viel Spaß beim experimentieren, Amethyst

Meine Katze legt sich immer bei mir auf die gleiche Körperstelle, hat dies etwas zu bedeuten?

Katzen spüren ganz deutlich gestörte Schwingungen und sind in der Lage ausgleichend auf sie einzuwirken. So auch bei deinem Körper. Erlaube deiner Katze ruhig sich immer wieder auf die gleiche Stelle zu legen, denn sie bringt dir Ausgleich und Harmonisierung. Darüber hinaus darfst du auch ruhig selbst an jener Stelle arbeiten. Lasse Energie hineinfließen und du wirst in Harmonie sein.

In Liebe, Erzengel Raphael,
zuständig für die Gesundheit.

Ich habe gelesen, es sind Bestrebungen im Gange die Erd-achse aufzurichten. Was bringt uns das und wie können wir diesen Prozess unterstützen?

Die Erdachse soll aufgerichtet werden, um das Klima in der Welt gemäßigter zu machen. Wenn die Erdachse aufgerichtet ist, wird auf allen Kontinenten ein mildes Klima herrschen, ähnlich dem Mittelmeerklima, was den Menschen zum Beispiel in Afrika, aber auch in allen anderen Gebieten mit extremem Klima, sehr zu Gute kommt. Niemand wird mehr hungern müssen auf eurer schönen Welt. Überall wird wieder der Überfluss und die Fülle herrschen, was natürlich auch nach sich zieht, dass die Menschen keinen Anlass mehr dazu haben ihr Geburtsland zu verlassen, um anderswo ihr Auskommen zu finden. Dann werden die Menschen über den Globus reisen, um ihre Erfahrungen auszutauschen, ihre Kulturen vorzustellen und andere Völker kennen zu lernen. Neid, Eifersucht und Überlebenskampf werden ein Ende haben und Liebe, Fülle und Miteinander werden auf der Erde Einzug halten. Wenn euch dieses Ziel erstrebenswert erscheint, dann könnt ihr mit dazu beitragen, dass die Aufrichtung schneller vonstatten geht.

Mit folgender Visualisierung:
Die beste Zeit für diese Visualisierung ist 12 Uhr mittags, aber es ist besser sie zu einer anderen Stunde zu machen als gar nicht.
Stelle dir einen hellen, wundervollen Lichtstrahl vor, der von der Urzentralsonne ausgeht und eure Erde entlang ihrer Achse durchstrahlt und durchlichtet. Nun zieht diese Sonne ganz langsam durch das Universum und richtet ganz sanft die Erd-achse nach oben auf.

Durch diese Visualisierung kannst du diese Aufrichtung be-
schleunigen, außerdem kannst du auch noch alle Engel
und Geistwesen, die in der entsprechend hohen Schwingung sind um Hilfe bitten: „Ich bitte alle Engel und geistigen
Wesenheiten, die in den allerhöchsten Schwingungsebenen
sind, mir dabei zu helfen, die Erdachse in sanfter Art und Weise aufzurichten, so dass es allen Bewohner des Planeten Erde
zu Gute kommt."
Wir freuen uns um Jeden, der uns bei dieser wundervollen
Aufgabe zu helfen bereit ist und segnen euer Tun.

In Liebe, die Heerscharen der himmlichen Helfer

Wie unterscheide ich zwischen Gefühl, Impuls und Innerer Stimme?

Gefühl und Impuls werden meist von deinem Hohen Selbst geschickt, sofern sie positiv sind, daran kannst du sehr gut unterscheiden, woher sie kommen. Deine Innere Stimme wird niemals etwas Negatives über jemand anderen äußern. Gefühle wie Wut, Zorn oder Angst kommen nicht von höherer Ebene und auch der Impuls jemanden zu schlagen oder Ähnliches, ist lediglich von deinem Ego ausgelöst. Gefühle der Liebe und der Stärke kommen immer aus deinem innern Wissen. Impulse etwas zu tun, einen bestimmten Weg zu gehen, einen bestimmten Menschen zu treffen, jemand bestimmten einzustellen, sind geführte Impulse und dürfen getrost angenommen werden. Sie gründen in deiner inneren Weisheit, in deinem Hohen Selbst. Vertraue auf deine Innere Stimme, sie kann dich wahrhaft leiten und führen. Es ist nicht nötig zu unterscheiden zwischen Gefühl, Impuls und Innerer Stimme, sondern zwischen vom Ego erzeugten Gefühlen, Impulsen und von deiner inneren Weisheit kommenden Zeichen. Mit etwas Übung ist das sehr gut zu unterscheiden. Frage dich immer: „Schadet dieses Gefühl oder dieser Impuls irgend jemanden?" Dann lasse es oder ihn los. Wenn er oder es durchweg positiv sind und für alle gut, dann freue dich darüber und nehme deine Führung dankbar an.

In Liebe, dein geistiger Führer, Hilarion.

Warum stellen wir uns eigentlich immer diese Fragen und Wissen nicht einfach? Muss ich mir das in diesem Leben erworbene Wissen im nächsten Leben wieder mühsam erarbeiten?

Weil der Schleier zwischen den Welten noch zu dich gewebt ist könnt ihr nicht einfach wissen, noch nicht! In euren zukünftigen Leben wird es keine Schleier mehr geben, ihr werdet jederzeit in Verbindung mit dem Göttlichen in euch sein und jederzeit alles wissen, was von euch und von allen Wesenheiten jemals in Erfahrung gebracht wurde. Das heißt, ihr werdet vollen Zugang zur Akasha Chronik haben. Im nächsten und in jedem folgenden Leben wird eure Entwicklung soweit vorangeschritten sein, dass es keines Schleiers mehr Bedarf. Im Moment dient er euch noch zum Schutz, nicht als Prüfung oder um euch hinzuhalten, wie ihr manchmal denkt. Aber alles Wissen, auch über alle eure vorangegangenen Leben frei zugänglich zu haben fordert ein sehr hohes Maß an Stärke und Verantwortung, was euch im Moment einfach noch überfordern würde. Seid dankbar für die Schleier die euch schützen und freut euch auf die Zukunft, wo sie nicht mehr notwendig sein werden.

In Liebe und Hochachtung, Erzengel Haniel

Was ist Zeit in Wirklichkeit?

Zeit ist eine Illusion, die hier auf der Erde schwingt, um euch eine Linie zu ermöglichen, an der ihr euch festhalten könnt. Euch vorzustellen, dass alles gleichzeitig geschieht ist eine sehr schwierige Sache für euch und fast nicht machbar. Ihr braucht die Krücke der Zeit, um euch orientieren zu können.

Sie ist wie ein Kompass, der einem Wanderer den Weg zeigt, wenn du den Weg kennst, brauchst du keinen Kompass mehr. In der nächsten Dimension wird die Zeit überflüssig werden, ihr werdet gelernt haben im Jetzt zu leben und trotzdem zu wissen, dass alles was ihr im Jetzt tut und denkt seine Auswirkungen haben wird. Stellt euch einen Gedanken oder eine Tat vor, wie einen Stein, den ihr ins Wasser werft und bedenkt immer die Kreise, die er dann zieht und die ungeheure Ausdehnung und Auswirkung, die er erreicht und zwar Jetzt. Ich weiß, dass die Vorstellung, dass es eigentlich keine Zeit gibt im Moment euren Horizont übersteigt, aber seid euch bewusst, hinter dem Horizont geht es weiter!

In Liebe und großer Freude über euer Tun,
Solara, Hüterin von Raum und Zeit

Wie nehme ich Verbindung zu meinem Hohen Selbst auf?

In Gedanken. Du wirst merken je mehr Übung du darin hast, umso leichter gelingt es dir die Verbindung herzustellen. Wenn du noch am Anfang des Erwachens stehst, wird es dir am Leichtesten fallen über Meditation und Atmung deine eigenen Gedanken zur Ruhe zu bringen, um die Verbindung zu deinem Hohen Selbst herstellen zu können. Dann wirst du Gedanken empfangen, die dir neu sind und die dir oft die Antwort auf deine Fragen und Lösungen für deine Probleme bringen werden. Manchmal kommt die Lösung auch im Schlaf. Werde offen und feinfühlig für solche Gedanken und tue sie nicht als Hirngespinnste oder Zufallstreffer ab, sondern danke deinem Hohen Selbst für seine Führung.
Wenn du schon weiter gegangen bist auf dem Weg des Erwachens, reicht es oft dich zur Ruhe zu bringen, gedanklich dei-

ne Frage zu stellen und dich dann auf Empfang einzustellen. Sei aber nicht traurig, wenn es nicht immer sofort funktioniert, dass du eine Antwort erhältst. Vielleicht sollst du dir erst einmal selbst Gedanken machen und in Eigenverantwortung handeln, denn auch das ist wichtig und notwendig. Trotzdem bist du immer behütet und geführt. Wenn du auf den völlig falschen Weg gerätst, erhältst du genügend Zeichen und „zufällige" Ereignisse geschickt, um wieder zurück zu finden. Wenn auch dies nicht fruchtet, stellt sich dein Körper dir als Helfer zur Verfügung und wird krank. Einfacher ist es aber auf jeden Fall, deine Sensibilität zu schulen und den Kanal zum Hohen Selbst offen zu halten.

In Liebe, Erzengel Gabriel

Wie kann ich mich vor negativen Energien schützen?

Stell dir eine goldene Kugel vor, so elastisch wie eine Seifenblase. Diese Kugel umgibt dich und dehnt sich aus, ganz wie du es benötigst. Sie ist mit einer „Zauberschicht" verspiegelt. Dieser Spiegel hat die Fähigkeit, die darauf auftreffenden negativen Energien in Licht und Liebe umzuwandeln und so dann zu dem Absender zurück zu schicken. Liebevolle Energien können den Spiegel ungehindert passieren.
Außerdem ist der Spiegel in der Lage auch negative Schwingungen, die du aussendest in Licht und Liebe zu verwandeln. So gehen auch von dir nur positive Energien aus. Dies ist ein Segen für dich und dein Umfeld. Einmal geistig installiert ist der Spiegel wirksam und muss nur ab und zu, durch einen Gedanken daran, neu aktiviert werden.
Es ist ebenfalls erlaubt diesen Spiegel für eure Lieben einzurichten. Seid dankbar für dieses wunderschöne Geschenk.

In Liebe, Erzengel Michael

Was soll ich hier auf der Erde, was ist der Sinn und Zweck meines Daseins?

Dies ist eine Frage, die sich die Menschheit schon seit einigen Generationen stellt und jetzt sollt ihr eine Antwort darauf bekommen.

Ihr seid hier, weil ihr schon vor sehr langer Zeit beschlossen habt der Erde in dieser für alle schwierigen Zeit bei Ihrem Aufstieg zu helfen. Das heißt, ihr seid dabei die Atmosphäre der Welt lichter und leichter zu gestalten, so dass es ihr leichter möglich ist, die nächste Stufe zum Aufstieg zu gehen. Was dann wieder bewirkt, dass es auch den Menschen auf diesem Planeten besser geht und wiederum die Möglichkeit besteht, die nächste Stufe der Treppe zu Licht und Leichtigkeit noch müheloser emporzusteigen. Je mehr Menschen sich an der Lichtarbeit beteiligen, desto schneller ist es möglich, das gesegnete Zeitalter zu erreichen, wo jeder, der möchte, glücklich, gesund und zufrieden und wohlhabend in geistiger und materieller Fülle leben kann. Das ist keine Utopie mehr und ihr könnt stolz darauf sein, es euch selbst verdient zu haben.

Alle miteinander, ob bewusst oder unbewusst arbeiten wir zusammen. Die Schwarzseher und Jammerer sind doch der Motor für die Menschen, die schon erwacht sind und zum Licht streben. Deshalb tadelt sie nicht, sondern seid ihnen dankbar für den Antrieb, den sie euch geben.

Übt euch im Visualisieren (sich etwas vorstellen), denn darin liegt die Macht der Zukunft. Mit Wort, Bild und Gedanken seid ihr die Schöpfer der zukünftigen Welt und eures Lebens.

Stellt euch die Erde als absolut gesunden und glücklichen
Organismus vor, eine Wesenheit (ein lebendiges Wesen), die
euch voller Liebe versorgt und euch trägt und erträgt.
Sendet ihr Liebe, Dankbarkeit und Ehrfurcht für das, was sie tut
und sie wird es euch tausendfach danken.
So sei es.

Gebet für die Erde:

Liebe Mutter Erde,
wir danken dir, wir ehren dich
und wir lieben dich von ganzem Herzen.

Wir sehen dich als strahlenden, glücklichen
und vollkommen gesunden Planeten,
der in Einklang schwingt
mit einer glücklichen und gesunden Menschheit.

So sei es und so ist es
Danke

In Liebe, Erzengel Raphael

Wo gehen wir hin?

Wir gehen zurück in den Ozean des Lichts. Ihr alle seid
Ausgesandte des Lichtes und jeder Einzelne von Euch ist ein
strahlendes Abbild Gottes, denn ihr alle kommt aus Gott und
geht zu ihm zurück. Alles ist Eins. Wie ein Ozean aus Milliarden von Wassertropfen besteht und doch eins ist, so besteht
Gott aus Milliarden und aber Milliarden Wesenheiten, die alle
ein Stück von ihm in sich tragen.
„Was du dem geringsten deiner Brüder getan hast, das hast
du mir getan" ... oder dir selbst. Bedenke dies, vor allen deinen Handlungen und auch vor allen deinen Gedanken.
Aus der einen Quelle gekommen, geht ihr auch dahin zurück
in die Einheit, bis ihr einen neuen Auftrag erhaltet und wieder
eine aus der Einheit gehobene Wesenheit werdet, die zu neu-
en Aufgaben und Taten bereit ist.

   In Liebe, Erzengel Raphael

Begriffserklärungen

Das Hohe Selbst oder Gott selbst in uns, das durch uns wirkt

Das Hohe Selbst ist der Anteil von euch, der noch mit dem Göttlichen in Verbindung steht. Es ist schon immer da und wird auch immer da sein. Es begleitet euch durch alle Inkarnationen und weiß um euren Weg in diesem Leben. Deshalb ist es wichtig Kontakt mit dem Hohen Selbst aufzunehmen und seinen Rat und seine Weisheit anzunehmen, denn es kann euch schmerzliche Umwege ersparen.

Geistführer

Ihr seid nie alleine auf eurem Weg durch das Leben. So stehen immer Wesenheiten aus höheren Dimensionen bereit, die euch helfen möchten und die nur auf eine Bitte oder eine Genehmigung von euch warten. Die Geistführer sind eine Gruppe davon. Sie haben den Weg, den ihr jetzt geht, meist auch schon durchschritten und stehen jederzeit für euch zur Hilfe bereit, um euch auf allen Ebenen zu unterstützen.

Seelengeschwister

Viele Seelen haben sich zu sogenannten Seelenfamilien zusammen geschlossen, um sich so die Aufgaben, die sie sich vorgenommen haben gegenseitig zu stellen oder auch sich zur Hilfe zu kommen, wenn es gar zu schwierig wird. Im Rahmen dieser Seelenfamilien durchlebt ihr viele irdische oder auch andere Inkarnationen, mit immer wechselnden Rollen. In diesem Leben Vater, im nächsten Leben Kind, oder ähnlich.

Seelenpartner bzw. Zwillingsflammen

Vor langer Zeit (auch wenn es Zeit nicht wirklich gibt, benutzen wir hier dieses Wort zur besseren Verständlichkeit) hat ein Gottesfunken die Quelle allen Seins verlassen, um sich zu erfahren und damit Gott sich in ihm erfahren kann. Nach vielen Erfahrungen hat sich der Gottesfunken dazu entschlossen sich zu teilen, um mehr Erfahrungen sammeln zu können. Diese zwei gleichen Teile haben dann wiederum Erfahrungen gesammelt, bis sie der Meinung waren eine erneute Teilung wäre sinnvoll. Und so ging das weiter, bis zur Inkarnation auf der Erde. Die beiden Gottesfunken der letzten Teilung, die jetzt hier auf der Erde inkarniert sind, nennt man Seelenpartner oder auch Zwillinge oder Zwillingsflammen.

Diese beiden Gottesfunken haben dann Teile von sich selbst los geschickt, um auf der Erde zu inkarnieren, um wieder einmal mehr Erfahrungen gleichzeitig machen zu können. Diese Teile nennt man Dualseelen.

Dualseelen

Jeder Mensch hat eine oder mehrere Dualseelen, die jedoch nicht immer zur gleichen Zeit hier auf der Erde verkörpert sind. Sie sind eure Hilfe zu Zeiten der Verwirrung. Oft steht euch eure Dualseele in einer anderen Dimension zur Verfügung, um euch auf den rechten Weg zu leiten, wenn ihr die Richtung verloren habt. In je mehr Teile eine Seele gespalten ist, umso größer ist manchmal das Gefühl der Einsamkeit und Verlassenheit. Keine Sorge, wenn ihr zurück ins Licht geht, fügen sich alle Teile wieder zusammen und je mehr Einzelteile unterwegs waren, umso mehr Erfahrungen bringt die Gesamtseele mit zurück. In der heutigen Zeit kommt es immer öfter vor, dass Dualseelen und Zwillinge gleichzeitig inkarnieren und sich auch begegnen. Dadurch können sie sich gegenseitig unterstützen und ihre Aufgaben mit vereinten Kräften lösen.

Engel

Hier ist Erzengel Michael, der euch erklären will, was Engel sind:
Engel sind Diener und Boten Gottes, die diese Aufgabe aus freiem Willen und voller Liebe übernommen haben. Jeder Mensch hat einen Engel, der ihm fest zugeteilt ist, ihr nennt ihn Schutzengel. Dieser Engel bleibt oft über mehrere Leben bei der gleichen Seele und wechselt nur selten. Die Erzengel stehen in der Hierarchie um eine Stufe höher und haben die Aufgabe des Ordnens und Hütens der Engelscharen und dar- überhinausgehende eigene Aufgaben. Das heißt nicht, so wie ihr euch das vorstellt, dass sie der „Chef" im Himmel sind. Alle arbeiten gleichwertig zusammen.

Aufgestiegene Meister

Aufgestiegene Meister/innen sind Seelen, die all ihre Entwick- lungsstufen auf der Erde erfolgreich durchlaufen haben und die nun auf geistiger Ebene den Menschen als Helfer und Füh- rer zur Verfügung stehen, wie zum Beispiel Jesus und Buddha.

Heiliger Geist

Der Heilige Geist ist der Teil der göttlichen Dreiheit, der dafür da ist Verbindung zu schaffen. Verbindung zwischen jedem einzelnen von euch und seinem Gottesfunken und Verbindung zu Allem was Ist. Verbindung zwischen Gott-Vater und Sohn, zwischen Erde und Universum.

Ich bin der Geist, der alles verbindet ,
den Ozean der einzelnen
Seelentropfen
in Gott zusammen hält.
Und wenn es möglich ist,
Geist und Erkenntnis auf euch
überspringen lässt,
so dass Weisheit sich über die Menschheit
und alle Wesenheiten
ausbreiten kann.

Ausklang

„Wir grüßen euch und freuen uns darüber, dass ihr dieses Buch gelesen habt. Wir hoffen sehr, unsere Antworten konnten euch eine Hilfe sein, bei den Fragen des Alltags.
Wenn ihr weitere Fragen habt, dann wendet euch an Rosemarie und Stefan. Wir werden, mit ihnen als Kanal, eure Fragen bestmöglich beantworten, so dass ihr euren Weg mit weniger Problemen gehen könnt und euer Vertrauen zu Gott und eurer geistigen Führung wächst."

In großer Liebe und Hochachtung,
eure geistigen Führer und Aufgestiegenen Meister

In diesem Buch kann nur ein Bruchteil der Fragen des Lebens geklärt oder angeschnitten werden. Wir hoffen aber, mit der Auswahl an Fragen, einen wichtigen Grundstein für die geistige Entwicklung des Lesers gelegt zu haben. Wir danken an dieser Stelle auch allen Freunden, die uns mit Fragen versorgt haben.

Solltest Du deine Fragen gerne persönlich beantwortet haben, so gibt es die Möglichkeit über Neo Atlantis Kontakt mit Rosemarie oder Stefan aufzunehmen und einen Termin zu vereinbaren.

Natürlich könnt ihr uns auch, per E-Mail oder Post, Fragen zusenden, die wir im Buch „Neue Fragen an das Universum" beantworten werden.

Licht und Liebe,
Rosemarie und Stefan

Weitere Bücher aus unserem Verlag

12-Strahlen Meditationen
Mit den aufgestiegenen Meisterinnen und Meistern

Rosemarie Gehring

Dieses Buch enthält zwölf Meditationen der Aufgestiegenen Meister, um die Qualitäten und Aspekte des jeweiligen Farbstrahls in unseren Energiekörpern zu verankern. Die Meditationen sind einfach zu visualisieren und eignen sich gleichermaßen zum Vorlesen, als Partnerübung oder zum Nachspüren nach dem Selbst-Lesen. Einführende Atemübungen, helfen die Energien der Strahlenmeditationen, auch für Ungeübte, in den Körpern zu aktivieren und nach kurzer Zeit fühlt man sich frisch und energetisch neu aufgeladen.

64 Seiten • broschiert • 8,00 Euro • 12 farbige Abbildungen
ISBN 978-3-940930-00-2

Weg der Freude
Bewusstseins- und Körperübungen für einen erfüllten Alltag

Heidrun Otting Woll

Weg der Freude ist eine Einladung an Dich. Dieses Buch bietet dir Begleitung und Unterstützung, um deine Lebensfreude wieder oder neu zu entdecken. Es leistet Hilfestellung, deinen persönlichen Weg der Freude wieder zu finden, um deinen Lebensweg auch in dunklen, stürmischen und verwirrenden Zeiten und Lebenssituationen bewusst und in Freude gehen zu können.

176 Seiten • broschiert • 16,00 Euro • ISBN 978-3-940930-17-0

NEO ATLANTIS
BÜCHER FÜR KLARHEIT UND ERKENNTNIS

E-Mail: verlag@neo-atlantis.de • Internet: www.neo-atlantis.de

12-Strahlen Energiebilder aus unserem Verlag

Aus dem Kosmos fließen die 12 Göttlichen Strahlen auf die Erde und sind allen Menschen zugänglich, die sich dafür öffnen. Diese Energiebilder der 12-Strahlen wurden von Rosemarie Gehring, in enger Anbindung an die geistige Ebene, gemalt. Ihre heilenden Schwingungen erfüllen den Raum und wirken sich so auf die Menschen aus. Die Bilder sind in verschiedenen Formaten über den Verlag erhältlich.

NEO ATLANTIS
BÜCHER FÜR KLARHEIT UND ERKENNTNIS

E-Mail: verlag@neo-atlantis.de • Internet: www.neo-atlantis.de